黃正華 / 著

程式有玩沒玩？
我的 Scratch
創意大冒險

Let's Start Coding Adventure: Creative Scratch Lessons

三民書局

"I want to put a ding in the universe."
我想在宇宙中製造點聲音。

——史提夫 • 賈伯斯 (Steve Jobs)

　　海拔 1000 公尺的偏遠山區、崎嶇的 36 彎、僅有的 26 名學生，看似弱勢的條件常令我心想，教育能夠在雲霧繚繞的太平翻轉些什麼呢？

　　科技正在改變教育的趨勢，擁有科技知能與資訊素養，是孩子面對未來生活與學習挑戰的一大關鍵。學校團隊積極爭取專案經費，為能開拓孩子多元學習新視野，更期待偏遠山區的孩子也能像都會區的孩子一樣，有機會接觸程式設計的課程，訓練邏輯思考、學習拆解、分析、歸納與統整的問題解決能力，逐步累積運算思維的關鍵素養，進而讓孩子應用所學，面對日新月異的未來生活與工作。

　　因緣際會，瀏覽到正華老師在偏鄉學校推動程式課程的訊息，我趕緊與他聯繫，期盼他能撥冗南下，讓太平的孩子也有機會接受一系列豐富有趣的程式設計課程。除了感謝正華老師願意克服每次上山暈車的不適，亦非常感謝正華老師的太太推波助瀾關鍵性的一句話：「如果你不上山指導這些孩子，這些孩子可能就失去程式啟蒙的好機會了。能讓更多孩子學習程式，不就是你的初衷嗎？」太平的孩子因為有正華老師夫婦，幸運地接受到有溫度的科技學習，就如同正華老師帶給人溫暖的氛圍。有別於一般理工人才帶給人冷冰冰的感受，第一次和正華老師見面，就感受到他的溫柔與細心，他不僅很快地把全校師生的名字詳細記錄下來，更用最短的時間認識每個人、掌握每

個人的興趣與特質，讓全校同仁都感受到正華老師是一位兼具專業、耐心及同理心的老師。

正華老師所設計的教材有別於坊間的程式設計課程，不是要讓孩子學習「如何寫程式」，而是在程式設計的過程中學習如何解決問題、如何將所學運用在生活情境中，所以課程主體與不同學科領域連結，符合 108 課綱跨領域主題課程的思維。正華老師的這本《程式有玩沒玩？我的 Scratch 創意大冒險》一個步驟接著一個步驟引導，讓初學者透過書本就可以成功掌握學習的重點，更得以延伸運用不同的設計方式與應用，這樣的設計方式就和正華老師的上課風格一樣，內容有趣不枯燥，淺顯易懂容易上手，課程互動性高，氣氛輕鬆。

正華老師的程式設計課，除了學習程式設計外，最重要的是學習過程。太平一個孩子的課後感想形容這樣的學習歷程：「感謝正華老師的程式設計課，讓我瞭解程式設計的過程要不斷地除錯，因此我知道，我也要對自己偵錯、除錯，讓自己變得更好。」

蘋果創辦人賈伯斯說：「我想在宇宙中製造點聲音」，如同正華老師希望「教育是生命影響生命的歷程」。正華老師、我以及太平團隊，除了「想」在太平留下點什麼，我們努力的目標更是「要」在孩子的小宇宙中，製造點聲音、創造點光亮。透過 Scratch 程式設計，培養孩子邏輯、鼓勵孩子勇於嘗試、實現孩子創意。你，準備好來挑戰程式設計了嗎？

嘉義縣太平人文生態實驗小學校長　黃彥鈞

推薦序 2

幫助孩子心腦整合的必備技能，GET!

人類的世界在過去十數年內有著非常大的改變，隨著智慧型手機的問世、網路運用的普及，各種數位學習似乎已成為新世代必入手的技能。但你以為孩子們學會用電腦、找資訊等技能就夠了？答案是可能遠遠不夠！這個世界正在全面演進中，各種我們此生都意想不到的人事物不斷開展、發生著，孩子們面對超量的資訊與應接不暇的轉變，必須有更全面的「軟實力」才能乘風破浪前進。

所謂的軟實力包含了什麼呢？我會說，是一種左右腦並用，佐以一顆開放彈性的心的「心腦整合」狀態，這些待整合的能力包含：解決問題的能力、獨立思考力、彈性創意力，還有將天馬行空想法落實的能力等等。在偏鄉推行了十幾年的藝術及科學教育，我們觀察到很多臺灣的孩子都很靈活也有想法，可能都具備了部分的能力，但如果能更整合性地、更有效率地學習運用各種知識就會事半功倍。

立賢教育基金會與正華老師從 2 年前開始合作，在學校裡推展整合性的程式設計課程，也為各校老師們進行教師培訓，過程中觀察到他對於孩子整合性學習的重視，設計了非常出色的銜接學校學科與程式設計的教案。今年正華老師出了這本 Scratch 程式設計學習書，正是培養孩子心腦整合的最佳示範。老師彙整了各種跨領域學科（如自然、藝術、音樂等）來幫助孩子全面性地學習，還用心安排多位臺灣特有種動物「小助教」們陪伴孩子，在趣味中一步步進入程式設計的世界。

在書中，印象中刻板枯燥的程式語言成為帶領孩子探索自己及世界、抒發創意及想法的工具。先從好玩又易上手的畫畫、音樂入門，每一步感覺輕鬆，卻能讓孩子循序漸進地將自己的感受、觀察、想法、創意整理出來，並以程式語言落實成真，過程中伴隨而來的自信心也會是美麗的禮物。

跟著這本書走完一遍後，基本上孩子們對程式設計已建立基礎的概念，也具備自己獨立使用 Scratch 來做進階設計的能力。另一方面，透過這套程式設計的學習，孩子們慢慢培養出的左腦邏輯力及激發出的右腦創意力等各種能力在更多的整合練習下，也會反饋在其他學科及領域的學習上，有這麼多益處，趕快讓孩子開始打開書玩程式吧！

立賢教育基金會執行長　王馨敏

推薦序 3

來上一堂有溫度的程式課

　　溫暖一直是與正華相處時他帶給我的最大感受！認識正華已經十幾年的時間，這份特質在他身上從來沒有消失過。從在半導體業任職開始，正華一直是業界公認的完美主義者，只要是從正華手中出品，一定是高品質的保證。但在這樣一個要求嚴謹的半導體環境下，正華身上的人文特質依舊鮮明，這是相當難得的融合！於是在我決定要成立良方科技教育慈善協會，投身慈善科技教育事業的時候，腦子裡第一位浮現的教師人選就是正華。因為我知道，我們要在偏鄉做的科技教育絕對不只是冷冰冰的程式教學，我們需要的是可以帶給偏鄉孩子們溫度的程式世界。

　　在我們投身偏鄉程式教學的這幾年來，正華帶給孩子們的除了豐富的國際素材與視野，最重要的是傳遞給孩子們關於學習程式的重要觀念。程式是我們在現今科技發達的世界中，重要的工具與溝通語言。但最終的目的，我們希望是藉由程式語言的學習，幫助孩子們建立邏輯的觀念與解決問題的能力，同時激發孩子們的創意，去挑戰更多不同的可能性。

　　正華的這本《程式有玩沒玩？我的 Scratch 創意大冒險》稟持著同樣的信念，不但讓 Scratch 程式的學習生動有趣，還兼顧跨學科的運用，讓孩子們透過程式這個開放平臺，去探索更豐富、想像空間無限的世界。

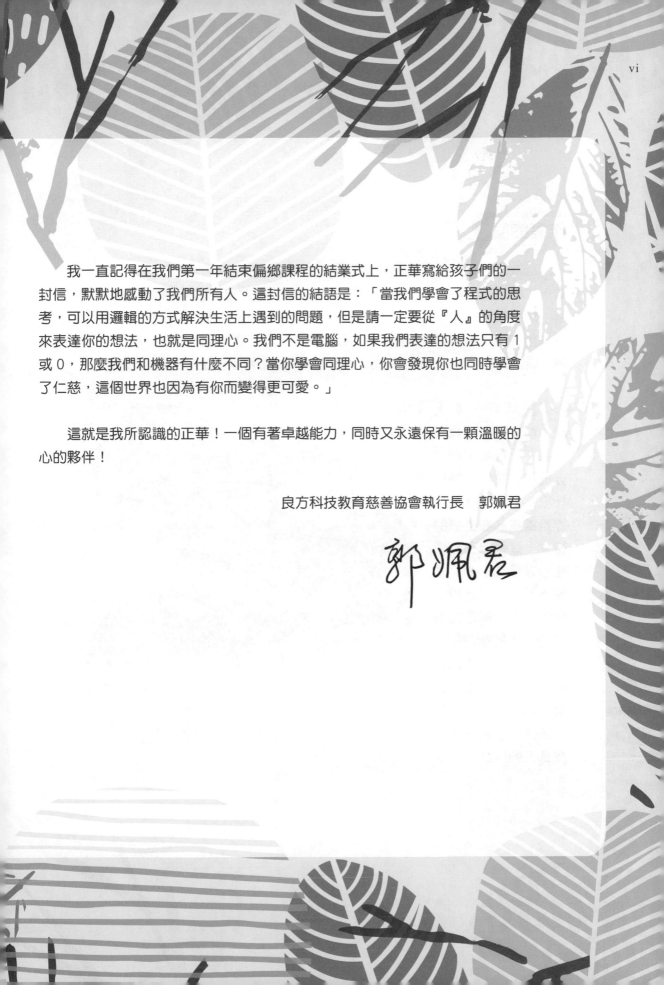

　　我一直記得在我們第一年結束偏鄉課程的結業式上，正華寫給孩子們的一封信，默默地感動了我們所有人。這封信的結語是：「當我們學會了程式的思考，可以用邏輯的方式解決生活上遇到的問題，但是請一定要從『人』的角度來表達你的想法，也就是同理心。我們不是電腦，如果我們表達的想法只有 1 或 0，那麼我們和機器有什麼不同？當你學會同理心，你會發現你也同時學會了仁慈，這個世界也因為有你而變得更可愛。」

　　這就是我所認識的正華！一個有著卓越能力，同時又永遠保有一顆溫暖的心的夥伴！

良方科技教育慈善協會執行長　郭姵君

作者的話

　　Scratch 對於程式初學者來說是個奇幻樂園，它不僅縮短孩子與程式的距離，也讓程式變成孩子與這個世界對話的工具。除此之外，Scratch 也啟發了我，思考如何把「程式學習」作為融入不同學科領域的槓桿，讓孩子透過不同主題的程式專案培養運算思維，進而把程式創作過程中所累積的創意與自信，擴散到其他學科領域的學習，也協助老師找到跨學科領域教學的施力點。

　　記得有一次上課，前來觀課的老師問我：「正華老師，你的程式教學目標是什麼？」我回答，目標是讓孩子在上課的時候「感覺自己好像在學習程式，卻又好像不是」。比方說，帶領孩子理解程式的重複迴圈指令之前，先邀請草間彌生奶奶加入我們，讓孩子認識她的南瓜和點點藝術創作，然後讓孩子在紙本的拼貼創作中

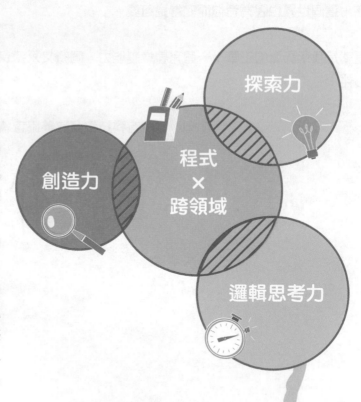

建立自己的秩序和規律。接著，以數位的形式，也就是程式作品向草間彌生奶奶致敬。還有一回上課，天氣無比溫暖，為了不辜負美好的陽光，我帶著孩子到操場賽跑，玩機器人、小主人下指令的遊戲，其實是想要告訴孩子，關於程式的初始化到底是怎麼一回事。另外，在孩子學習條件判斷式的時候，透過孩子熟悉的大風吹遊戲，讓孩子有意義地理解「且」、「或」、「不成立」的意思，而不是講解對孩子來說有距離的「布林關係式」。我希望孩子可以自然的從生活中擷取靈感，邊學邊玩培養程式的邏輯感；將有意義的知識與豐富的想像力結合在一起，經由思考的體操，建立解決問題的能力。

很開心也很榮幸能夠與三民書局共同合作《程式有玩沒玩？我的 Scratch 創意大冒險》這本作品。謝謝編輯欣愉在我書寫的過程中全力提供協助，並且提出許多很棒的觀點，讓這本書的每一頁得以呈現在課堂上和孩子玩程式的精彩時光。這本書的章節內容採用專案導向的學習循環：「我探索 → 我創作 → 我思考」，融入跨領域的知識，引領孩子將抽象邏輯思維與生活經驗作類比，進一步把學到的知識應用於解決問題，或是創意發想。另外，也特別邀請了可愛的臺灣特有種動物朋友作為主題引導，以及程式創作的角色。感謝師大生命科學系林思民教授在每個章節末，以生動的文字帶領大家認識這群可愛的動物朋友們。我們希望孩子在程式的學習之外，也能夠關心臺灣這塊土地的生態保育問題。

準備好了嗎？一起出發，開始我們的程式大冒險吧！

黃正華

程式有玩沒玩？
我的 Scratch 創意大冒險 CONTENTS

啟程冒險之前……

登場角色

臺灣 特有種動物

阿蛙

椒椒

小鮭

小虎

小藍

小黑

阿毛

雲寶

大梅

Taiwan

大家好，我是大梅！初次見面，請多多指教。在這本書，我和其他可愛的夥伴們，想要帶領大家一起玩程式！我們將學習如何編寫 Scratch 程式、表達自己的創意。

「程式」是什麼？偷偷告訴你喔，其實電腦並不像你的頭腦那樣聰明，如果我們希望電腦幫我們完成一項任務，你必須將任務拆解成一個又一個電腦可以理解的指令，而將這些有順序、具備功能的指令編寫起來，也就是我們常常聽到的「程式」喔！

簡單來說，因為電腦不懂人類的語言，所以我們透過程式做為與電腦溝通的橋梁。在電腦的世界裡，因為不同的應用，程式設計師開發了很多不同的程式語言，比方說：Python、C++、JavaScript 等等，如果我們瞭解不同程式的語法和規則，就可以讓電腦幫助我們工作，或是完成各式各樣有趣的事情。

Python
```
print ("Hello World!")
```

JavaScript
```
alert ("Hello World!")
```

C++
```
std::cout<<"Hello World!";
```

Scratch [註] 也是一種程式語言喔！和其它文字模式的程式語言不同的是，Scratch 將指令分門別類，以視覺化的指令編寫程式，就像是堆疊積木一樣輕鬆愉快，很容易就可以把自己的想法實現出來。

準備好了嗎？請打開電腦的網路瀏覽器（建議使用 Google Chrome），在地址欄位輸入 Scratch 官方網站的網址：https://scratch.mit.edu。

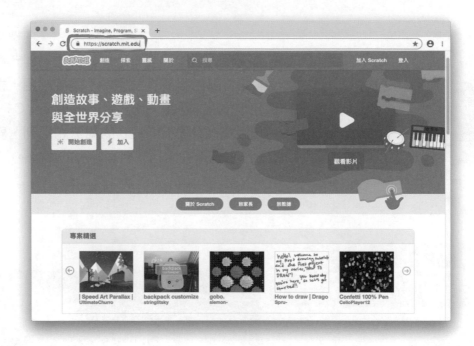

[註] Scratch 是來自麻省理工學院多媒體實驗室終身幼兒園團隊的計畫，不需支付任何費用，就能使用它。使用 Scratch，可以編寫程式，創作故事、遊戲、動畫或藝術，然後將創意分享給全世界。Scratch 幫助孩子更具創造力、邏輯力、協作力，這些都是生活在 21 世紀不可或缺的基本能力。(Scratch is developed by the Lifelong Kindergarten Group at the MIT Media Lab. See https://scratch.mit.edu.)

讓我們在網頁下方的語言選擇列表中,選擇「繁體中文」。

開始學習 Scratch 程式之前,先來註冊使用者帳號吧!
之後,我們就可以將作品儲存在雲端,或是分享給好朋友囉!

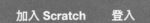

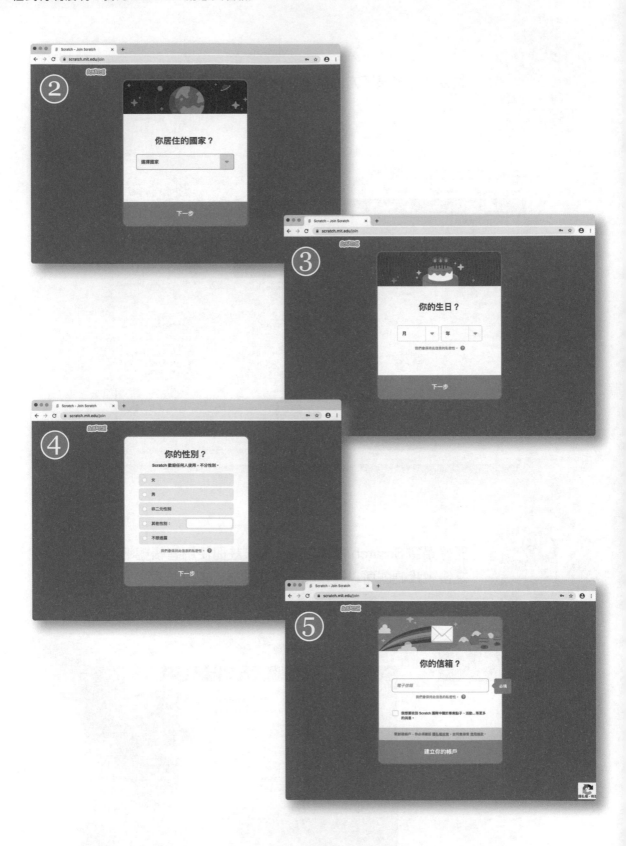

喔耶，恭喜你成功加入 Scratch 了！
按下視窗畫面左上角的「創造」，開始程式冒險吧！

出發前，讓我們先檢查一下裝備是否帶齊了。一起來認識
Scratch 的介面有什麼好玩的裝備吧！

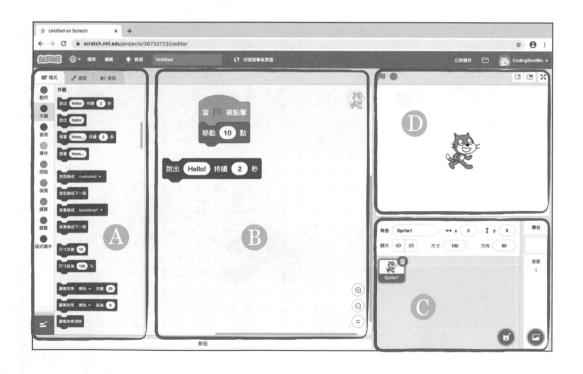

在這裡有 3 個頁籤可以切換，分別是**程式**、**造型**和**音效**。

程式：我們看到積木類別選項以不同的顏色來表示不同的功能，每一個積木都表示 Scratch 的程式指令。按下左下角的添加擴展，可以增加更多不同類別的積木，比方說：畫筆、音樂、文字轉語音等等，或是連接不同硬體，透過特別設計的指令積木來控制。

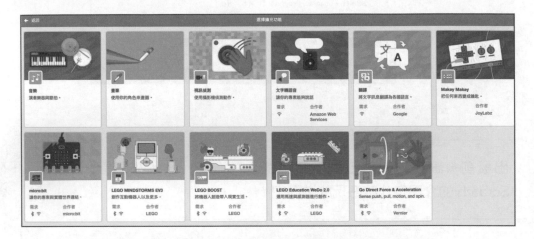

造型：使用繪圖工具增加，或設計角色的不同造型外觀。

音效：選擇或創造角色在程式裡需要用到的音效。

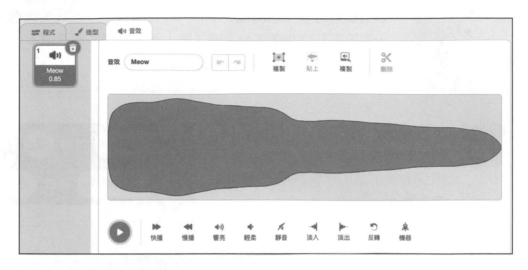

B 這是我們編寫程式的秘密基地，我們可以使用滑鼠將積木指令拖曳到這裡。另外，每一個角色都會有自己專屬的程式編輯頁面。

C 創作程式作品的時候，需要有不同的角色來執行我們編寫完成的程式指令。這個區域讓我們創造或是從圖庫裡選擇自己喜歡的角色，在面板上可以設定角色的名字、尺寸、位置和方向。另外，在背景的功能中，我們也可以為程式作品選擇一個適合的背景。

D 編寫程式指令的時候，你一定很想知道結果是什麼、發生了什麼好玩的事！我們可以在舞台區域按下綠旗讓程式開始啟動，看看執行的結果是否符合預期。也可以按下紅色八角形按鍵，停止正在運行的程式。

Scratch 的舞台區域大小是 480×360，意思是左右的長度是 480 點，上下的寬度是 360 點。在定位角色的時候，我們通常會以直角座標系的 x／y 數對來做描述。

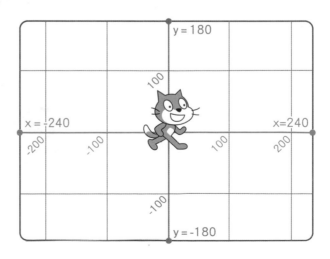

 裝備檢查好了，也認識了 Scratch 介面有什麼好玩的東西，你一定迫不及待想要開始冒險了吧！跟著我們，出發囉！
讓我們先請 Scratch 貓咪來和大家打招呼吧！

1 從**外觀**積木類別裡，選擇兩個【說出～】的指令積木，並且填入你想讓貓咪說的話，然後將兩個積木堆疊起來。

2 從**事件**積木類別裡，選擇【當綠旗被點擊】的指令積木，然後堆疊在步驟 1 的指令積木之上。

3 按下舞台的綠旗，看看貓咪是否出現了對話泡泡？

按下綠旗執行程式。

太棒了！你已經成功編寫了 3 個指令了喔！
接下來，我們讓貓咪發出聲音，然後動起來吧！

4 從**音效**積木類別裡，選擇【播放音效～直到結束】，然後將這個積木連接在上個步驟的指令積木之後。按下舞台的綠旗，貓咪說完話之後是不是發出喵喵聲了？

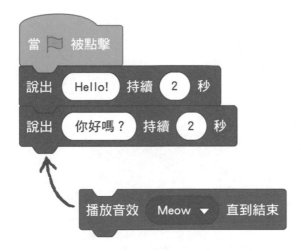

5 接著，從**動作**積木類別選擇【移動 10 點】的指令積木，並且連接在上個步驟指令積木之後。按下舞台的綠旗，我們會發現貓咪向右側移動了 10 點。

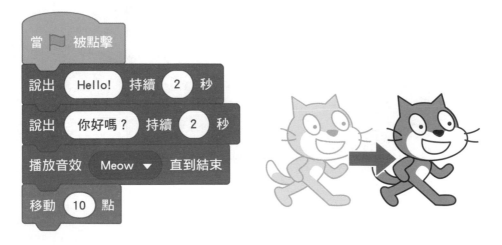

如果想要貓咪連續移動，可以從**控制**類別的積木中，選擇**【重複無限次】**
的指令積木，並將剛剛使用到的**【移動 10 點】**指令放在這個控制積木裡。

 按下舞台的綠旗，我們會發現貓咪發出喵叫聲後，開始向右側移動了，
可是最後竟然卡在舞台畫面最右側。

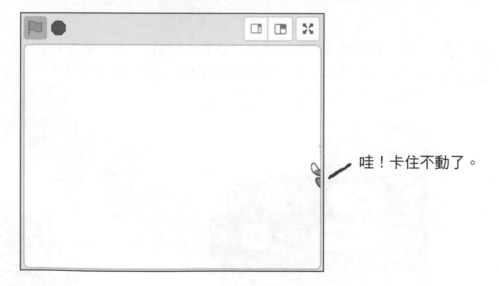

哇！卡住不動了。

8 我們從**動作**類別的積木中，找到【碰到邊緣就反彈】的指令積木，並且把它放在【重複無限次】的控制積木裡。按下舞台的綠旗再試試看！

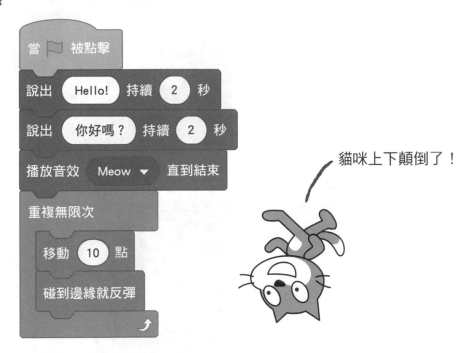

貓咪上下顛倒了！

9 哇！你一定發現到貓咪碰到舞台邊緣就真的反彈又繼續移動了，可是反彈後的貓咪竟然上下顛倒了！這是因為【碰到邊緣就反彈】的指令積木讓貓咪反彈時旋轉了 180 度。要解決這個問題，可以在【重複無限次】的控制積木前，添加【迴轉方式設為左－右】。

10 接下來，我們切換到造型的頁籤，在這裡，貓咪有兩個不同的造型。試試看用滑鼠來回點擊這兩個造型，你會發現貓咪有走路的動畫效果。回到程式的編輯，如果想要讓貓咪每次移動之後變換動作，我們可以從**外觀**類別的積木，選擇【造型換成下一個】，並將這個積木也放在【**重複無限次**】的控制積木裡。

加入這個指令。

NOTE

按下舞台的綠旗後，有沒有發現貓咪在畫面上來回移動，並且像走路一樣不斷地切換動作造型？如果想要讓畫面變得更豐富，可以選擇一個自己喜歡的背景喔！

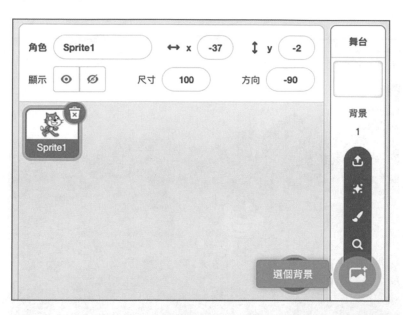

喔耶，程式完成了！按下綠旗執行程式，然後想一想，有沒有新的想法可以加到原來的程式，繼續新的程式冒險？

最小化畫面　　原本的畫面　　最大化畫面

 最後，記得將編寫好的程式儲存起來，並且給它一個檔案名稱，下次要使用的時候才找得到喔！你也可以按下分享鍵，讓全世界都看得到你的作品。

為作品命名。

今天是特別的日子，因為你已經開始踏上程式冒險的旅程了！
讓我們一起慶祝吧！

Scratch × 美術
1
跟著線條去散步

藝術家保羅・克利說：「畫畫就是帶著一條線去散步。」
在這個單元，我們將從好玩的彈珠滾畫開始自由的藝術創作。之後，把畫
畫過程中的動作以數位的形式、使用程式嘗試不同媒材的創作。

阿蛙，聽說你很會畫畫呀？

哈哈！沒有啦！偷偷告訴你，有人說我
是青蛙界的畢卡索喔！

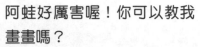

阿蛙好厲害喔！你可以教我
畫畫嗎？

沒問題，不過我們要先準備幾顆
彈珠。

咦？彈珠？畫畫和彈珠
有什麼關係呢？

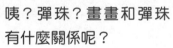

有喔！因為要讓彈珠帶我們在
畫紙上一邊散步一邊畫畫！

聽起來好好玩！我迫不及待
想要開始畫畫了！

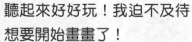

好哇！一起來畫畫吧！

我探索
Explore

藝術家保羅・克利(1879～1940)出生於瑞士伯恩近郊的小鎮。他從小就有音樂的天賦，可是卻踏上了藝術繪畫這條路。但也由於喜愛音樂的緣故，讓保羅・克利的藝術創作不論是在不同的色塊構圖，或是點和線的連結，都呈現出音樂的律動感。他曾說過：「**畫畫就是帶著一條線去散步。**」

圖畫經常是透過各種不同的線條組合而成的，因此，描繪線條的過程也成為圖畫中最被強調的部分。讓我們帶著愉快的心情畫畫，就像拎著一條線自由地散步。

觀察生活或大自然中不同「物件」的線條，比如：海的波浪、山的稜線、雪花、雨滴落下的形狀、煙火的線條等等。

▶ 不同的線條之間是否有相似或是不相似的地方呢？

▶ 不同形狀（粗的、細的、捲的、直的……）、不同顏色的線條是否帶給我們不同的感覺呢？

▶ 你曾經使用某種「線條」的樣子來畫畫嗎？如果可以，你想畫什麼？

延伸活動
限時塗鴉
https://quickdraw.withgoogle.com

　　讓我們來玩「跟著線條去散步」的水彩創作吧！在這個活動，你可以自由地與彈珠以及畫紙互動。每個人的散步路徑不一樣，速度也不同，試著說自己的故事，創作獨一無二的作品。

★ **活動前準備：** 玻璃彈珠（5 顆）、不同顏色的水彩或廣告顏料、顏料盤、A4 尺寸圖畫紙、托盤（整理盒上蓋，或尺寸可以放置 A4 圖畫紙的扁平紙盒）。

★ **開始用彈珠畫畫：** 托盤上放圖畫紙，將沾上顏料的彈珠隨意置放在圖畫紙上自由滾動，會在圖畫紙上留下不同的線條軌跡。如果彈珠無法在圖畫紙上畫出線條，可以換另一顆（也可以一次多顆）沾上其它顏色的彈珠繼續畫畫。

★ **彈珠去哪裡：** 讓身體律動起來，自由地滾動彈珠；或是控制彈珠移動的速度以及路徑。創作的過程中，是否感覺到彈珠想要帶你去哪裡？或是，你想要帶彈珠去哪裡？

　　完成囉！你覺得創作過程好玩的地方在哪裡？控制彈珠是否感到困難呢？
某條線條對你來說，代表什麼特別的意義嗎？

畫畫一點都不難吧？

對呀！真開心！完成了我的第一
幅彈珠滾畫，好有成就感！

延伸活動
影片：什麼是抽象表現主義？
https://youtu.be/oG9jQBj1eqE

完成了「跟著彈珠去散步」的圖畫創作後，想一想，如果我們使用電腦作為媒材，也就是透過程式來創作，可以怎麼做、會發生什麼有趣的事？我們在這個程式專題進行好玩的實驗，將原本的圖畫創作透過程式設計來實現。

彈珠

完整作品
https://scratch.mit.edu/proj
ects/364468392/

程式範例
https://scratch.mit.edu/proj
ects/364449541/

開啟 Scratch，讓我們一起
玩程式吧！

1 彈珠｜建立一個角色

　　建立一個「彈珠」的角色。你也可以在造型頁面，利用繪圖的小工具改變彈珠的顏色，或是繪製自己喜歡的彈珠造型。

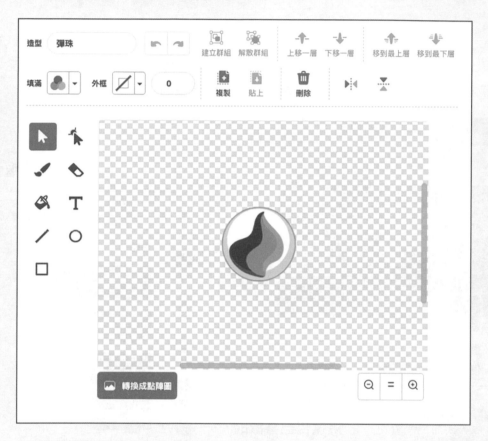

　　電腦上的影像圖檔大致可以區分成「點陣圖」和「向量圖」。點陣圖是以像素 (pixel) 為基礎所組成，用像素來記錄圖形中所有使用到的顏色碼，再構成一整張的圖像。點陣圖能夠呈現影像原貌以及色彩上的細微差異，但是如果我們將點陣圖放大，邊緣會產生鋸齒狀，影像也會變得模糊。

　　向量圖則是以數學運算的方式來記錄圖像資訊，每個物件、形狀都是獨立的，保有顏色、形狀、位置、大小等屬性。圖像放大或縮小，點跟點的距離會以數學的方式依照比例重新計算，因此可以保持原本的樣貌，也不會產生鋸齒狀。但是向量圖的畫面色彩比較單調，較少用於製作高品質的影像。

2 彈珠｜加入畫筆功能的積木

　　點擊畫面左下角的**「添加擴展」**方塊，選擇**「畫筆」**工具，你會看到和畫圖有關的指令積木加入了左側程式類別的頁籤。

　　可以為彈珠角色編寫程式囉！一開始，先停筆（也就是不要下筆），並且將畫面上所有筆跡都清除乾淨，就像是一張空白的圖畫紙一樣。將彈珠定位到原點或是自己想要出發的位置，讓彈珠面朝一個隨機的角度。

添加擴展

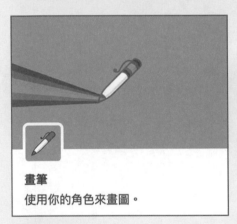

畫筆
使用你的角色來畫圖。

畫筆類別的指令積木

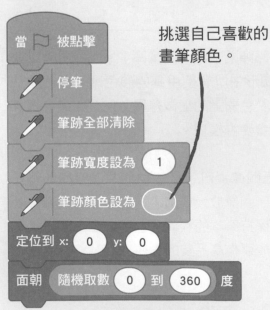

挑選自己喜歡的畫筆顏色。

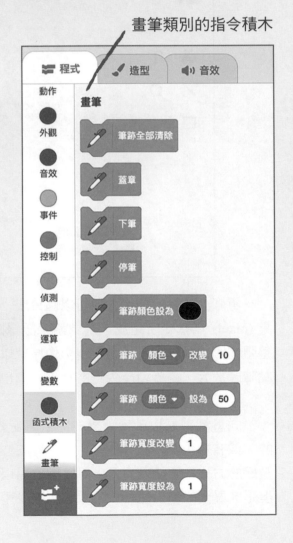

3 彈珠｜讓彈珠一邊移動一邊畫

彈珠執行完準備動作後，就可以開始下筆畫畫囉！在重複無限次的迴圈指令裡，讓彈珠每次以 2 點的速度移動，如果碰到邊緣會立刻反彈。當彈珠移動的時候，我們也會看到畫面上留下畫筆的顏色痕跡。

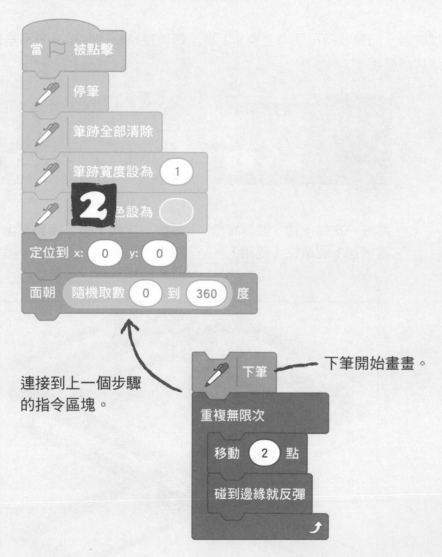

連接到上一個步驟的指令區塊。

下筆開始畫畫。

彈珠｜改變筆跡的粗細

在「跟著線條去散步」的彈珠滾畫，畫面上的線條有的粗、有的細。在程式的畫筆指令，預設的筆跡寬度是 1，我們可以利用事件積木裡的【當向上鍵被按下】、【當向下鍵被按下】來改變筆跡的寬度。

試試看，如果我們按了向上或向下鍵，彈珠在移動的時候，是不是會留下不同粗細的線條呢？

每按一次向上鍵，筆跡寬度就增加 1 個單位（變粗）。 　每按一次向下鍵，筆跡寬度就減少 1 個單位（變細）。這裡的負號代表減少的意思。

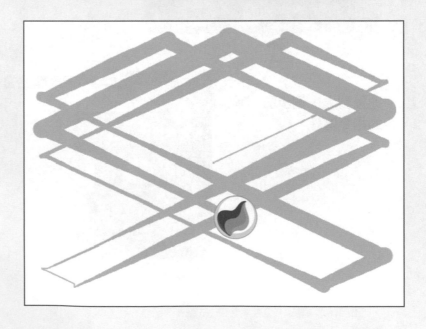

5 彈珠｜改變線條的顏色

按下空白鍵，讓畫筆的色階每次改變10。

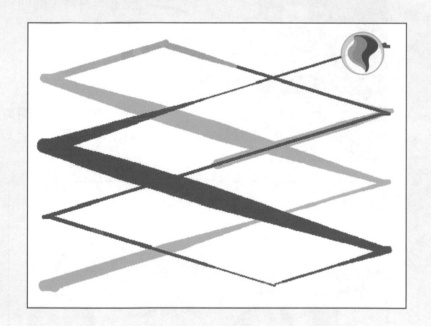

哇！按下空白鍵後，顏色也改變了耶！

6 彈珠｜讓線條可以轉彎

讓彈珠的移動軌跡不只是直線，也可以有彎曲的線。

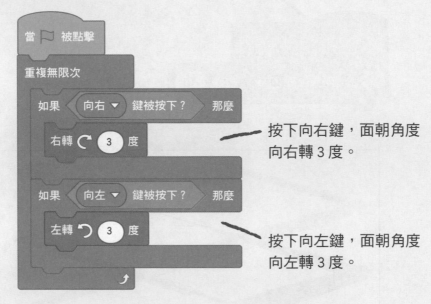

按下向右鍵，面朝角度
向右轉 3 度。

按下向左鍵，面朝角度
向左轉 3 度。

線條轉彎了耶！

　　程式完成囉！執行程式，試試看是否可以正常運作。我們可以使用程式中的功能鍵，讓彈珠角色在螢幕畫面上自由滾動，也可以觀察畫筆線條的構成與程式內容的關聯，例如：畫面上的線條為什麼有弧度？在什麼時候會想要變換不同的顏色或線條粗細？

★ 改變彈珠移動的速度。比方說：原本每次移動 5 點，若改成 10 點，有什麼不同呢？

★ 彈珠移動速度若隨機指定，會發生什麼事呢？

★ 改變向右轉或向左轉的角度，彈珠留下的軌跡和原本的有什麼不同呢？

★ 如果想要一次有 2 顆以上的彈珠一起「散步」，應該怎麼做？

頭腦體操來了，一起實驗更多的做法！

程式也可以讓彈珠帶我們去散步喔！

每次畫出來的作品都不一樣，真的好好玩！

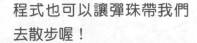

程式扭蛋機

循序 | Sequencing

生活裡有很多事情必須按照正確的步驟，一步接著一步才能完成。比方說，刷牙、綁鞋帶、按照說明書 DIY 家具等等。在程式中，「循序」的意思是按照次序排列指令，而程式的每一步驟都必須按照規劃的順序執行，才能得到預期的結果。

翡翠樹蛙

Rhacophorus prasinatus

圖源：維基百科（作者：Evan Pickett）ⓒ

國立臺灣師範大學生命科學系　林思民教授／文

　　自從二次世界大戰之後，臺灣的野生動物陷入一段研究的空窗期。尤其是過去較少受到生物學家關注的兩棲爬行動物，一直到了 1970 年代晚期，才開始有生物學家投入牠們的分類與生態研究。很快地，生物學家們就發現臺灣雖然是一個高度開發、人口稠密的小島，但是仍然有很多兩棲爬行動物尚未被發掘。這波研究風潮開啟了一段由臺灣人自行尋找臺灣新種的黃金時期，而翡翠樹蛙就是由國人自行研究最早發現的幾種青蛙之一。

　　翡翠樹蛙的「翡翠」可説是一語雙關。一方面呈現牠翠綠的顏色，一方面又暗示牠最早的發現地點：翡翠水庫。牠是一隻中型的蛙，背部翠綠，質感稍微有點粗糙；腹部白色，眼睛有一條黃褐色的過眼線。手長腳長的牠們在趾尖具有明顯的吸盤，經常在林下的植叢間活動，吸附力跟攀爬力都非常好，是不折不扣的「樹蛙」。與大部分的蛙類相類似，翡翠樹蛙的母蛙體型比公蛙大，公蛙會靠叫聲吸引母蛙。配對成功之後，母蛙會背負著公蛙選擇適合的產卵地點，開始牠們特殊的繁殖行為。

　　與大多數的青蛙不同，翡翠樹蛙的蝌蚪並不利用溪流或池沼，而是利用林中的小型積水環境。但是這類的積水環境通常資源非常有限，水中的含氧量也很低，所以翡翠樹蛙演化出特殊的保護方法，把卵放置在水體邊緣或水體上方。在雌雄雙方進行抱接（或是俗稱的假交配）時，一邊分泌大量類似蛋白的膠狀物質，一邊利用後腿翻攪，反覆進行類似打蛋花的動作，同時將受精卵置入這個逐漸膨脹的蛋花球之中。這個比饅頭略大、發泡狀的白色物體，就黏在水邊或水上的植物葉片，稱為「卵泡」。翌日早晨，略為乾燥的卵泡會在外層形成一個保護層，而受精卵就藏在溼潤的內層發育成熟。直到孵化為蝌蚪，再落入下方的水中成長。

　　翡翠樹蛙屬於「綠樹蛙屬」的成員。這個家族在臺灣總共有五個種，照發表順序依序是莫氏樹蛙、臺北樹蛙、翡翠樹蛙、橙腹樹蛙和諸羅樹蛙，五種樹蛙都有踢卵泡的習性，也全部都是臺灣特有種；這使得綠樹蛙和山椒魚並列為臺灣最特殊的兩群兩棲類動物。大部分的綠樹蛙分布範圍都很狹隘，而全球的蛙種近年也都面臨嚴重的族群數量下降。因此除了莫氏樹蛙之外，其餘四種綠樹蛙都是保育類野生動物，受到法律的保護。

Scratch × 音樂

2 來玩小木琴

我們用程式來創作一個可以彈奏的小木琴吧！
和好朋友一起合奏，讓輕快的音符、旋律在空氣中飄浮。

小藍，今天我們在音樂課學會看五線譜和音符了！

真棒！那你想不想學樂器呢？

想呀！可是我覺得音符像豆芽菜一樣，好難看得懂喔！

別擔心！任何事只要反覆不斷練習，一定可以變得很厲害。

那你有沒有什麼好方法？

我們先用程式製作出可以彈奏的小木琴，再開始練習吧！

用程式玩音樂聽起來很有趣耶！我想試試看！

沒問題，跟我來！

我探索
Explore

電 腦可以處理很多種類的資訊，包含文字、圖片、影片、音樂等等，但它所處理的終究還是以數字所表示的「數位資料」。我們所聽到的聲音、看到的影像，對電腦來說，全都是以數字型態儲存的資訊喔！

音樂數位介面（Musical Instrument Digital Interface，簡稱 **MIDI**）是一個標準的電子通訊協定，為電子樂器等不同的演奏裝置，定義了各種音符或彈奏碼。比方說，60 為中央 C (Middle C)、62 為中央 D (Middle D)。

透過 MIDI 碼，我們就可以利用程式在電腦上彈奏或編寫樂譜囉！

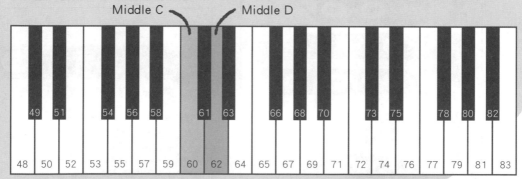

延伸活動
影片：提姆・漢森教你
如何讀譜
https://youtu.be/ZN41d7Txcq0

大家都琅琅上口的「Do-Re-Mi-Fa-So-La-Si」，我們稱這 7 個音為「唱名」。簡單來說，唱名是在哼唱旋律的時候使用，用來強化音感，也可以練習音階位置。

相對於「唱名」，為了能夠將旋律記錄下來，會使用「音名」，給不同的音階各自的名稱，也就是 C、D、E、F、G、A、B。而音名和音高的關係是絕對的，在一架正規88鍵的鋼琴或是鍵盤樂器裡面，可以看到由黑白鍵組合成的12鍵組，共有7組。一般來說，從最左邊鍵組數來第4組的 Do，命名為中央 C (Middle C)。

點擊 Scratch 程式畫面左下角的**「添加擴展」**方塊，會看到**「音樂」**的擴充積木，我們可以開始使用這個類別的指令積木來玩音樂囉！

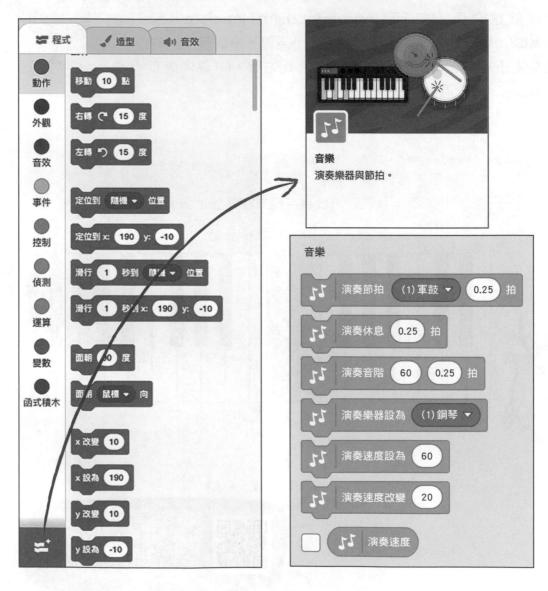

那麼，Scratch 程式指令和 MIDI 碼有什麼關聯呢？在【**演奏音階**】的指令積木中所填入的數字，就代表不同的音階。比方說：60 就是代表中央 C，而另一個數字則是表示節奏（拍子）。

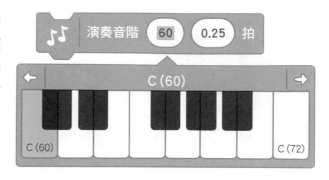

唱名	Do	Re	Mi	Fa	So	La	Si
音名	C	D	E	F	G	A	B
MIDI	60	62	64	65	67	69	71

音符	○	♩	♩	♪	♬
44 制下拍數	4	2	1	0.5	0.25

NOTE

接下來，讓我們和大梅、小藍一起來玩音樂，編寫程式創作出可以彈奏的小木琴吧！在這個程式專案，我們使用添加擴展選單中的「音樂」指令積木，讓小木琴可以彈奏出想要的音色和音階。在進行這個程式專案前，先執行完整的作品。想想看，在這個程式裡一共需要幾個角色？每個角色各自負責什麼任務呢？

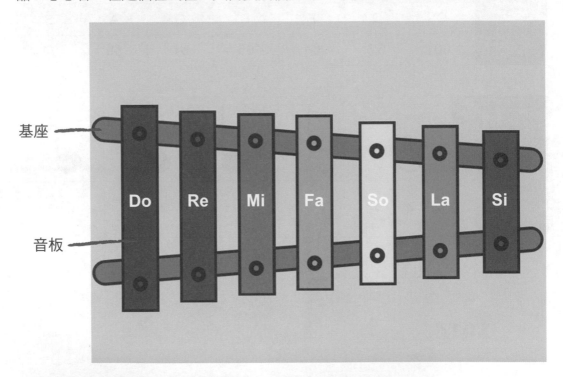

完整作品
https://scratch.mit.edu/proj
ects/331109027/

程式範例
https://scratch.mit.edu/proj
ects/332035061/

開啟 Scratch，讓我們一起玩程式吧！

1 背景｜製作小木琴的基座

點選背景，利用向量圖的工具繪製小木琴的基座。

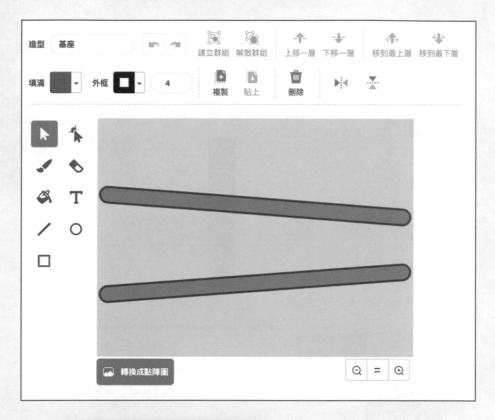

為什麼愈往右邊，木棒就愈靠近？

因為等一下要放上不同長度的音板喔！

2 Do │加入音板 Do

加入音階為 Do 的音板，並且將它定位於小木琴基座的最左側。

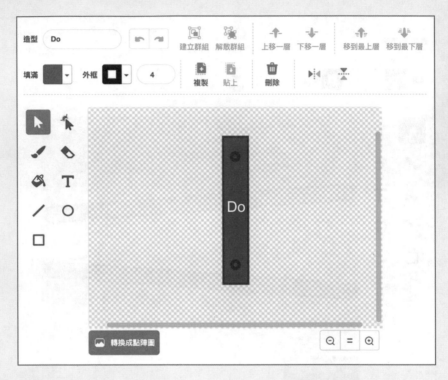

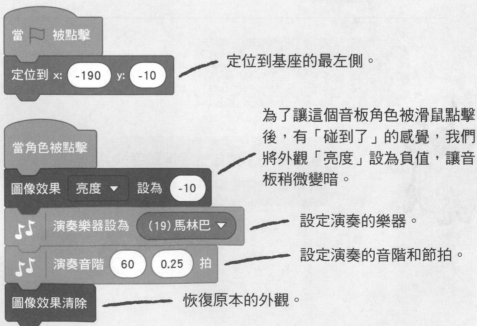

定位到基座的最左側。

為了讓這個音板角色被滑鼠點擊後，有「碰到了」的感覺，我們將外觀「亮度」設為負值，讓音板稍微變暗。

設定演奏的樂器。

設定演奏的音階和節拍。

恢復原本的外觀。

3 Re ｜加入音板 Re

接著，加入音板 Re 的角色。

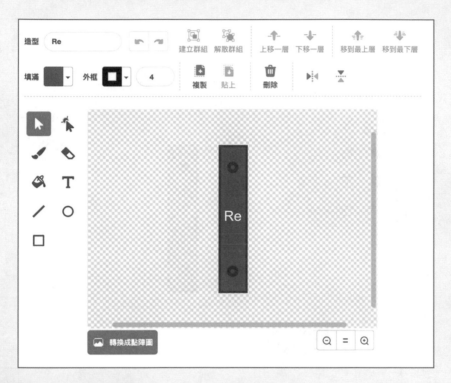

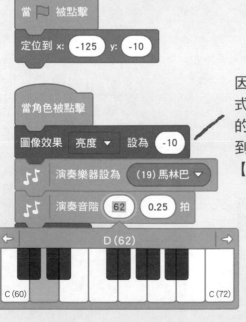

因為音板 Re 和音板 Do 使用到相同的程式積木，可以先將上一個步驟、音板 Do 的程式放到【背包】，然後再從背包拖曳到音板 Re 的程式區裡使用，記得要更改【定位】及【音階】。

Mi｜加入音板 Mi

加入音板 Mi 的角色。

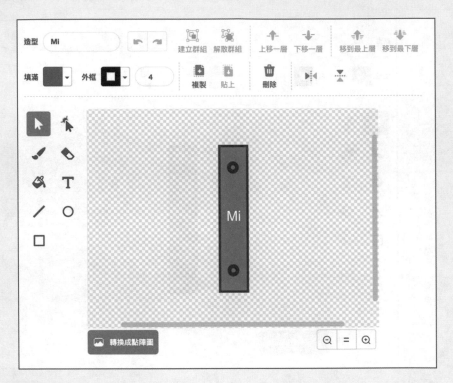

5 Fa │加入音板 Fa

加入音板 Fa 的角色。

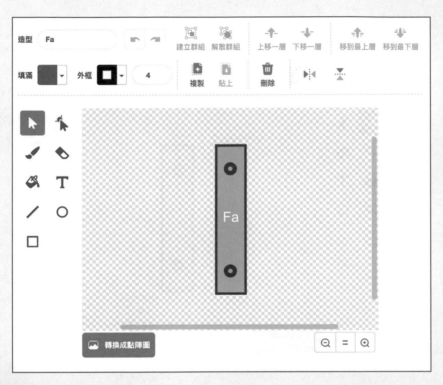

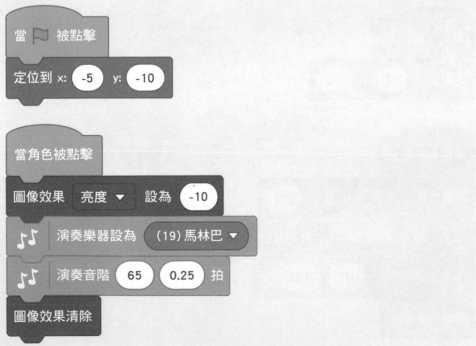

6 So │加入音板 So

加入音板 So 的角色。

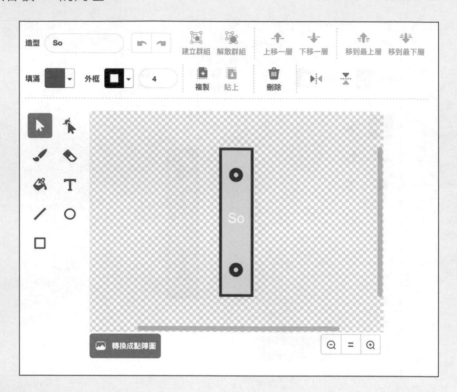

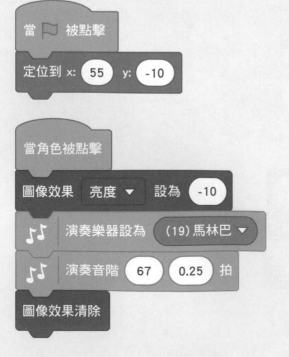

7 La｜加入音板 La

加入音板 La 的角色。

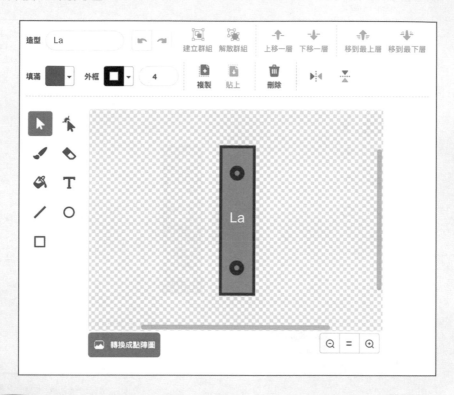

8 Si ｜加入音板 Si

加入音板 Si 的角色。

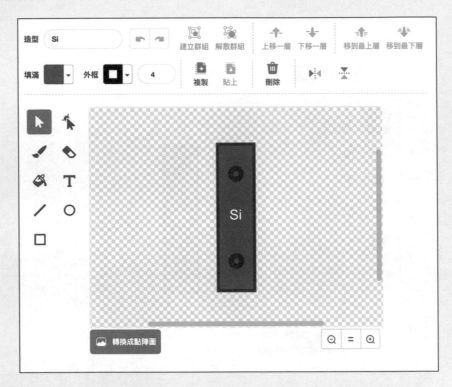

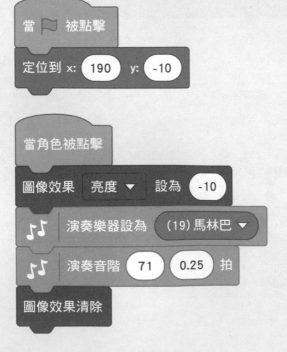

「來玩小木琴」的程式專案完成了！讓我們用小木琴彈奏喜歡的樂曲吧！如果我們想要讓小木琴變得更有趣，你會想要加入什麼好玩的想法呢？

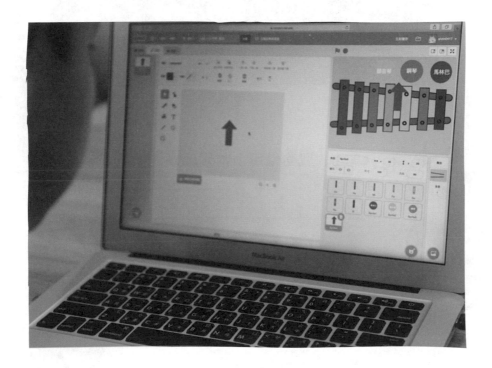

★ 如果想要改變彈奏的節拍，應該怎麼做呢？

★ 如果想要改變演奏的樂器，程式應該如何修改呢？

★ 你可以在背景加入音樂，然後跟著音樂的旋律彈奏小木琴嗎？

★ 想要讓演奏的音階上升 8 度或下降 8 度，應該怎麼做呢？

頭腦體操來了，一起實驗更多的做法！

真開心，我可以用小木琴玩音樂了！

那我們找其他的朋友們一起，舉行一場森林音樂會吧！

程式扭蛋機

事件｜Event

滑鼠點擊、按鍵輸入動作後，讓特定的任務跟著執行，這類使用者的操作動作，在程式中就是一個「事件」。在「事件」類別的積木指令【當～就～】的意思是：當某個事件發生了，就會開始執行接下來的指令動作！

Scratch × 體育

3 集合啦!來賽跑

讓我們一起來運動場比賽,看看誰跑得比較快!賽跑前,記得先拉拉筋、動一動,做個暖身操,然後再到起跑線上,做好預備的動作。

今天的天氣好舒服喔！

對啊！我們出去玩吧！

阿蛙，我們來賽跑如何？

好呀！不過賽跑前要先做暖身運動唷！

為什麼要做暖身運動啊？

沒有先暖身就直接比賽跑步，很容易造成運動傷害喔！

原來如此，那我們先來做暖身操、動一動身體吧！

我探索
Explore

當我們進行運動前（比方說：賽跑、游泳，或是打籃球等等）最好先進行 5 到 10 分鐘的暖身活動，舒展身體肌肉，除了讓接下來的表現更好，也可以預防激烈運動可能造成的運動傷害。

除了暖身活動，進行運動比賽前還有什麼事情需要注意或準備呢？以百米賽跑為例，**比賽選手需要在起跑線上各就各位，做好預備的動作，等待裁判鳴槍或是吹哨才能開始跑**。此外，必須清楚標示終點線，並且準確地記錄下每一位選手抵達終點線的時間，來決定比賽的勝負。

賽跑前，如果沒有做預備動作的話，結果會如何呢？在我們的日常生活中是否也有類似的情況，就像是賽跑一樣，需要先做好預備動作，接下來才能夠順利地進行活動呢？

如果我們把賽跑前（或是從事其它運動前）必須進行的「準備動作」忽略了，會發生什麼事呢？顯而易見的，選手如果沒有聽從裁判的指揮，或是沒有在規定的起跑線上預備，比賽就會不公平，每個選手的成績也就沒有意義了。

生活上，也有很多時候需要「準備動作」。像是玩撲克牌前，會先確認這是一副完整的牌，接著洗牌數次，讓每一張牌隨機疊放，然後才依照規則進行撲克牌遊戲。另外，我們量體重時，也會先確定體重計歸零了沒有，如果沒有歸零的話，量到的體重就會有誤差。

做好相關的準備動作可以讓活動或是任務的執行變得更順利，我們在編寫程式的時候，當然也有所謂的準備動作，也就是程式的**初始化** (initialization)。

我們常會對程式的某些項目做初始化，比方說：程式開始執行前，角色所在的位置在哪裡、角色的尺寸大小、一開始的舞台背景是什麼、變數的起始值是多少等等。**程式初始化的動作可以幫助程式正確執行，避免不必要的額外後製，或是以手動方式重新調整角色的設置。**

生活中，還有哪些事情在執行前，需要「初始化」的動作呢？

我創作
Create

接下來，讓我們創作一個以賽跑為主題的程式專案，這個程式遊戲可以兩個人一起玩、一起比賽，看看誰先跑到終點線。想一想，創作這個遊戲的程式設計藍圖，需要考慮到哪些部分或動作呢？

裁判的指示

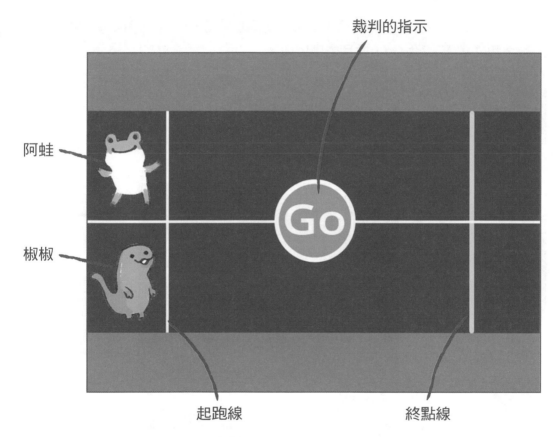

阿蛙

椒椒

起跑線

終點線

完整作品
https://scratch.mit.edu/projects/361823626/

程式範例
https://scratch.mit.edu/projects/361811590/

開啟 Scratch，讓我們一起玩程式吧！

設計賽跑場景｜倒數 3 秒的背景

　　一開始，讓我們先設計賽跑的場景吧！因為等一下阿蛙和椒椒要賽跑，我們先在舞台背景規劃兩條跑道。接著畫上「起跑線」，讓選手比賽開始前先在這條線等待；另外，不要忘了決定勝負的「終點線」喔！在這裡，我們使用黃色的線段來表示終點線。

　　比賽的場景設計好了，我們再複製 4 個同樣的場景，在每個場景中央分別加上數字和文字：3-2-1-Go，並且依序排列。

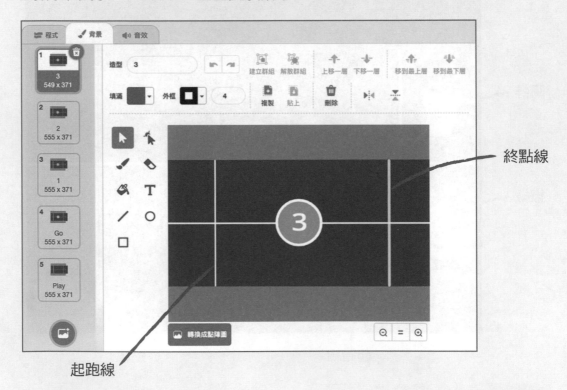

終點線

起跑線

2 倒數 3 秒的背景切換

比賽選手必須聽到裁判指示（比方説：鳴槍、吹哨或擊鼓）才能開始跑。在這裡，我們倒數 3-2-1-Go、加入場景的切換，讓阿蛙和椒椒知道什麼時候可以開始往目標衝刺。

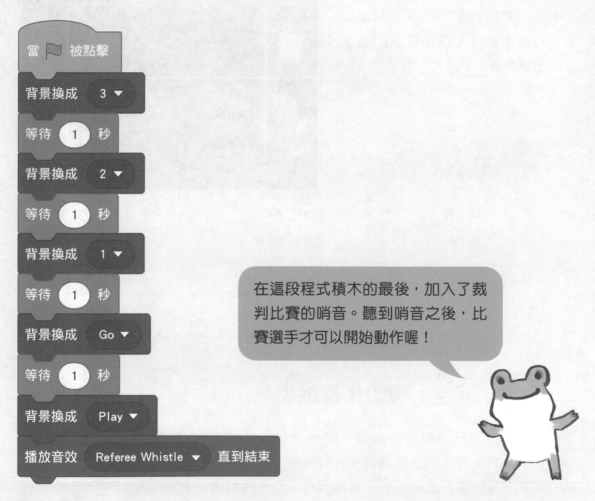

在這段程式積木的最後，加入了裁判比賽的哨音。聽到哨音之後，比賽選手才可以開始動作喔！

3 加入比賽選手

比賽場地規劃完成了，阿蛙和椒椒已經在場邊摩拳擦掌、準備登場囉！我們可以使用程式的範本，或是從 Scratch 的角色圖庫，選擇喜歡的選手上場比賽。

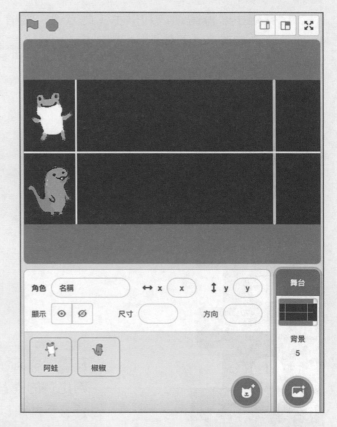

4 阿蛙｜初始化及跑步

先用滑鼠點擊阿蛙角色，開始為阿蛙編寫程式。比賽前，我們必須讓選手在起跑線上準備，所以我們移動舞台上的阿蛙，並讓阿蛙可以定位到合適的位置。

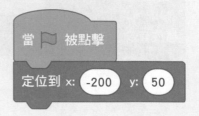

接下來，每次按下空白鍵，讓阿蛙往前移動 5 步。

【當～】的事件積木意思是說：當某個事件被觸發了（比方說：當綠旗被點擊、當空白鍵被按下、角色被點擊……），就會開始執行接下來的指令！

5 阿蛙｜碰到終點線

耶！按下空白鍵，阿蛙可以開始跑步了。接下來，我們要讓比賽分出勝負。記得我們在舞台背景使用黃色的線段繪製「終點線」嗎？按下空白鍵讓阿蛙跑步的時候，我們加上【如果～那麼～】的條件判斷式，如果阿蛙碰到了終點線，就會歡呼，並且讓比賽結束。

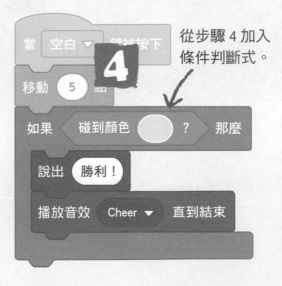

從步驟 4 加入條件判斷式。

這個步驟完成後，按下綠旗。舞台背景倒數切換後，再按下空白鍵，看看阿蛙是否會往前移動，碰到終點線時是否會大喊「勝利」，並且有歡呼的音效。

如何在程式中設定正確的終點線顏色呢？

我們先點擊  的顏色區塊，接著按下下方的滴管，你會看見舞台上出現了放大鏡，讓你可以指定顏色。我們將放大鏡移到終點線，並且按下滑鼠鍵，就挑選到正確的顏色囉！

想一想，如果程式中的終點線顏色選錯了，會發生什麼事呢？

NOTE

椒椒｜複製阿蛙的程式

　　阿蛙的程式完成了！我們要繼續編寫椒椒的程式。你可以將阿蛙角色中已經完成的程式區塊放到「背包」，然後用滑鼠點擊椒椒角色，將背包中阿蛙的程式用滑鼠拖曳到椒椒的程式編輯區。記得檢查並改變程式的設定：初始位置、事件積木。

觀察一下，我的程式有哪些設定和阿蛙不一樣？

賽跑的程式完成了，和好朋友一起比賽、看看誰跑得快！如果我們想要讓這個遊戲變得更豐富、更有趣，可以繼續在程式裡加入什麼好玩的想法呢？

★ 如果想讓阿蛙或是椒椒跑得快一點，應該改變程式的哪一個數值設定呢？

★ 這個遊戲是利用舞台背景來進行倒數，通知選手比賽開始。你可以增加一個新的角色作為裁判，取代舞台背景的倒數嗎？

★ 如果把場景改變成海底世界，讓海星和小丑魚比賽游泳，你會想要怎麼做？

頭腦體操來了，一起實驗更多的做法！

呼！跑得好累，休息一下吧！

等一下來比賽跳遠如何？

程式扭蛋機

初始化 | Initialization

程式的初始化就是程式開始執行前，讓每一個角色
物件都各就各位、恢復一開始想要的設定。如此一
來可以幫助程式正確執行，避免不必要的後製，或
是以手動的方式重新調整角色的設定。

NOTE

Scratch × 自然
4 帶小鮭回家

小鮭出門玩了一天,準備要回家了,可是在回家的溪流遇到障礙物,看起來好危險,你可以幫忙小鮭平安返家嗎?

小鮭，你會像其他鮭魚一樣在大海、河川之間洄游嗎？

現在不會了耶！不過我們在冰河期的時候和一般鮭魚一樣會洄游，可以自由出入大甲溪和大海之間喔！

為什麼你們現在不再洄游了呢？

因為冰河期末期，地殼發生劇烈的變動，改變了臺灣的河川樣貌。另外，河川的水溫升高，使得洄游到大甲溪的櫻花鉤吻鮭漸漸地被隔絕在上游一帶，於是我們就變成了現在的「陸封型族群」。

原來如此，難怪你們又被稱為活化石！

哈！活化石聽起來好老喔！我可是年輕又充滿活力的小鮭耶！

我探索
Explore

真相只有一個！程式如何做決定？

在日常生活中，總是會出現需要「見機行事」的時刻。每次都要根據提供的條件資訊，或是當下發生的情況，做出適當的決定以及反應。比方說，如果綠燈亮了，我們可以過馬路；如果外面正在下雨，我們出門就會帶把傘。

程式也有需要做決定的時候，我們會使用「條件判斷式」來描述問題。條件判斷式使用「如果」作為開頭，描述「如果某個情況發生了，那麼就去做那件事」，稱為「如果敘述」。另外，當某個情況沒有發生，程式就去執行另一個動作，稱為「否則敘述」。

我們在程式中使用條件判斷時，有時候也會結合「且」、「或」、「不成立」來描述、處理更複雜的條件喔！比方說，如果是陰天或正在下雨，那麼出門就要帶傘；如果寫完功課而且吃過晚餐，那麼就可以去公園玩；或者是，我們玩大風吹遊戲的時候可以這麼做：「大風吹，吹什麼？」「吹有戴眼鏡的男生。」

　　當我們做一件事或任務，出現需要做決定的時候，必須把各種可能會發生的情況描述清楚，之後在程式中加入條件判斷式，只要符合所設定的條件，程式就會知道應該往哪裡走、做什麼。比方說，我們準備過馬路，看到紅綠燈的燈號：

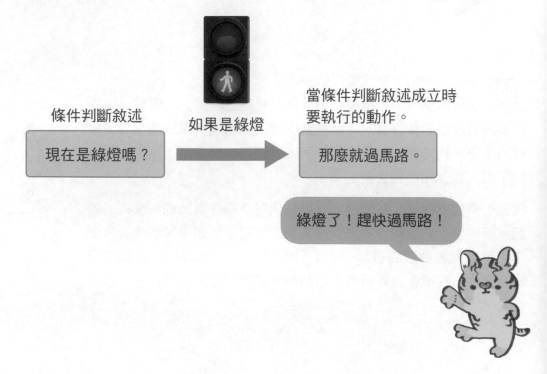

　　在上面的敘述裡，只有描述綠燈亮的情況發生時，要做什麼動作。我們可以另外再加上「如果不是綠燈」的話應該做什麼，也就是在原本的「如果敘述」裡，加入「否則敘述」，讓條件判斷式更加完整：

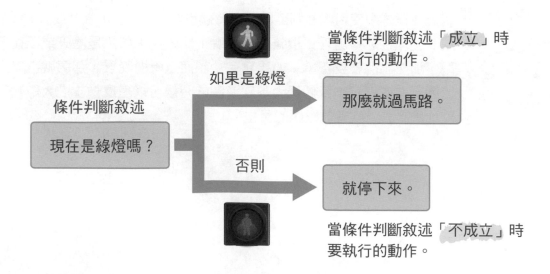

在 Scratch 控制積木裡,我們會使用到以下兩個類型的條件判斷控制:**「如果敘述」**,以及**「如果敘述」**加上**「否則敘述」**。在 Scratch 指令積木中的六角形方塊,指的就是條件判斷敘述,可以在運算積木或偵測積木類別中找到:

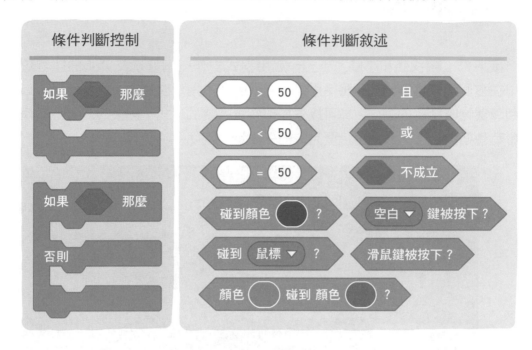

有發現嗎?條件判斷敘述都是六角形的積木。

NOTE

接下來，讓我們和小鮭、小虎一起用程式創作一個好玩又緊張的迷宮遊戲吧！在這個程式專案，我們將使用條件判斷的積木指令來決定小鮭的移動，以及碰到障礙物時執行的動作。你可以先操作看看完整的程式，然後想一想，這個作品會有幾個角色？這幾個角色要完成的任務是什麼呢？

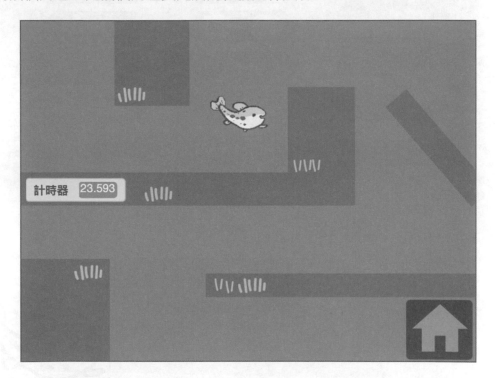

完整作品
https://scratch.mit.edu/projects/364014500/

程式範例
https://scratch.mit.edu/projects/364044476/

開啟 Scratch，讓我們一起玩程式吧！

背景│設計一個迷宮並加入背景音效

點選背景，使用方形工具，以及同一種顏色（比方說棕色）的色塊堆疊、設計迷宮（河道）。在背景的程式中，加入時鐘滴答聲的音效。

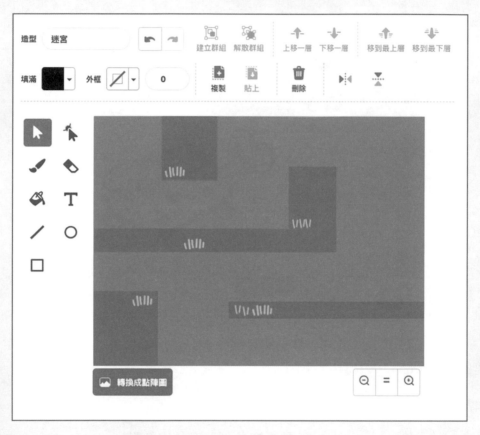

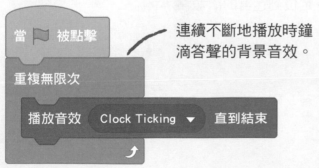

連續不斷地播放時鐘
滴答聲的背景音效。

小鮭｜建立造型及初始化

在「小鮭」的角色造型頁面，加入兩個造型：「正常」、「碰到了」。

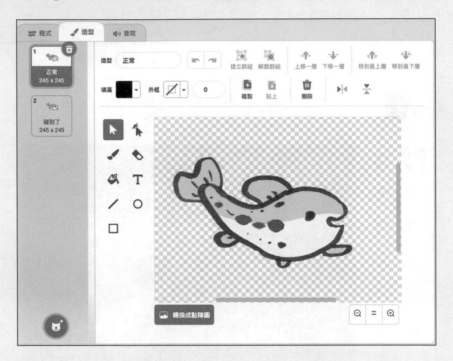

返回程式頁面，編寫小鮭的初始指令：設定尺寸大小，並且讓小鮭定位到迷宮的出發點。

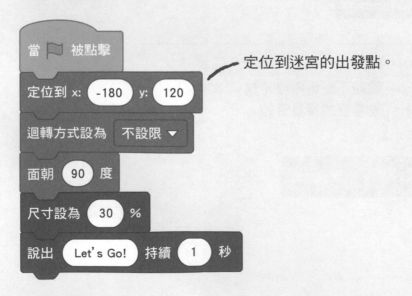

定位到迷宮的出發點。

3 小鮭｜跟隨鼠標移動

在上一個步驟之後加上一個條件判斷控制：如果小鮭距離鼠標大於 5 點，就允許小鮭以每次移動 2 點的速度，面朝鼠標方向在溪流游動；否則就停下來不動。

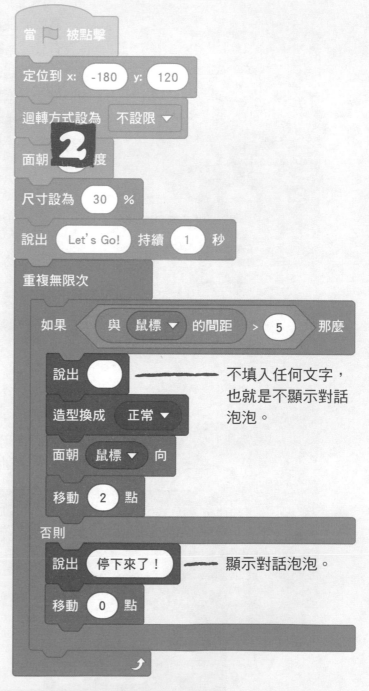

當 ▶ 被點擊

定位到 x: -180 y: 120

迴轉方式設為 不設限 ▼

面朝 **2** 度

尺寸設為 30 %

說出 Let's Go! 持續 1 秒

重複無限次

如果 與 鼠標 ▼ 的間距 > 5 那麼

說出 ◯ —— 不填入任何文字，也就是不顯示對話泡泡。

造型換成 正常 ▼

面朝 鼠標 ▼ 向

移動 2 點

否則

說出 停下來了！ —— 顯示對話泡泡。

移動 0 點

4 小鮭 │ 如果碰到迷宮了

當我們使用滑鼠來操控小鮭移動的時候，有沒有發現，小鮭魚竟然可以自由地穿越迷宮耶！這樣看起來很奇怪。為了解決這個問題，我們在上一個步驟的重複迴圈裡，加入另一個條件判斷控制，讓小鮭**碰到迷宮或是碰到邊緣**的時候，回到出發點，重新開始。

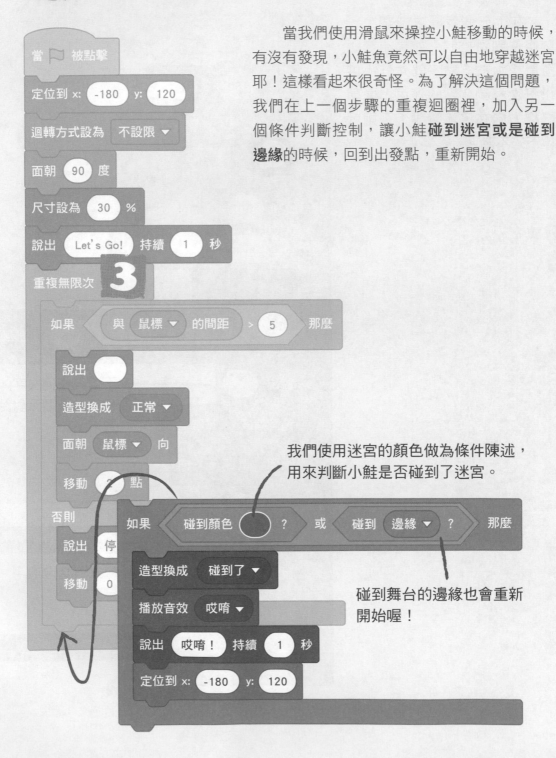

我們使用迷宮的顏色做為條件陳述，用來判斷小鮭是否碰到了迷宮。

碰到舞台的邊緣也會重新開始喔！

5 閘門｜創作閘門及定位

接下來，加上一個閘門的角色，讓它可以在迷宮中不斷地開闔。在造型頁面，使用選取工具，讓閘門的右側與角色中心點切齊。

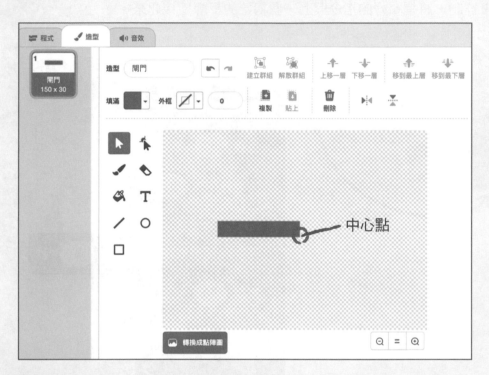

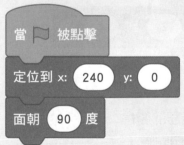

6 閘門｜連續不斷地開闔

　　一開始，閘門是閉合的。我們想要讓閘門慢慢地向右轉 90 度，停頓一些時間後，再向左轉 90 度，可以使用【右轉】和【左轉】的指令積木，另外加上迴圈來控制。將編輯好的指令與上一個初始的步驟連接起來。

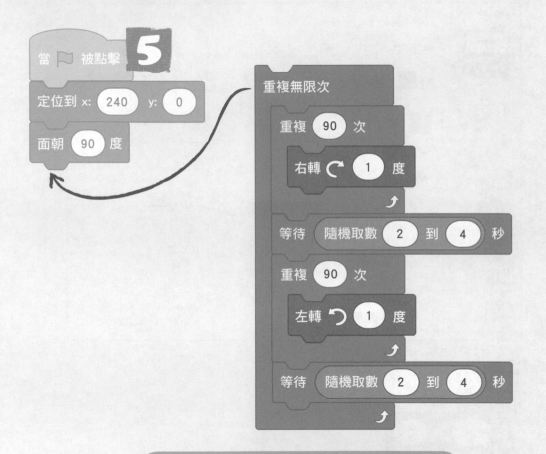

小心不要碰到閘門！因為閘門和迷宮的顏色相同，所以我碰到閘門也會返回出發點喔！

7 家｜初始化及碰到小鮭時

加入目的地「家」的角色。這個角色幾乎不用做任何事情，只要負責計時。我們可以使用偵測積木裡預設的**計時器**來計時，只要等到時間超過 60 秒，就會停止全部的程式。我們可以使用**【等待～直到～】**的控制指令積木，加入條件判斷敘述，來編寫程式。

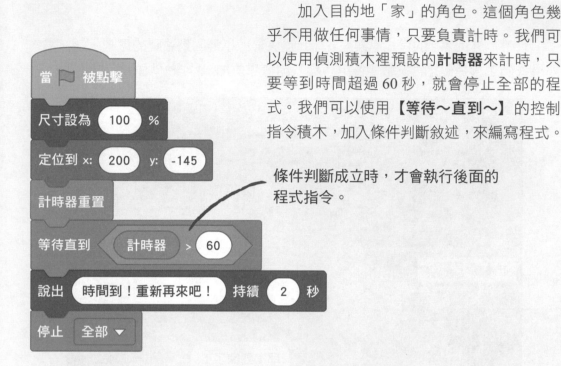

條件判斷成立時，才會執行後面的程式指令。

8 小鮭｜如果抵達目的地

程式快要完成了！想一想：小鮭碰到目的地「家」的時候，會發生什麼事？我們可以應用上一個步驟使用到的**【等待～直到～】**控制積木，將條件判斷改成「碰到家？」如此一來，小鮭回到家時，就會開心地歡呼：「耶！到家了！」

除了這個程式指令區塊繼續執行，小鮭的其它程式指令區塊都停止動作。

「帶小鮭回家」的程式專案完成了，趕快幫忙小鮭回到溫暖的家吧！試試看，如果我們想讓這個迷宮遊戲變得更有趣，你會想要加入什麼好玩的想法呢？

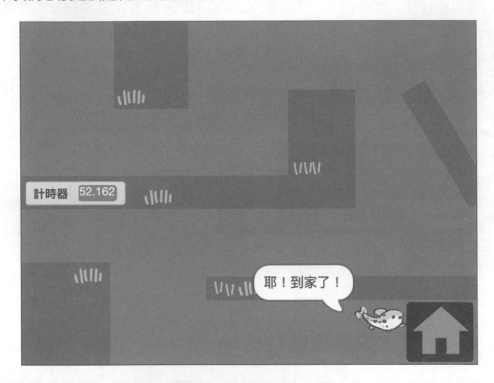

★ 如果想要改變小鮭的移動速度，應該怎麼做？

★ 如果想要改變閘門的開闔速度，應該怎麼做？

★ 如果閘門和迷宮的顏色是不同的，程式的條件判斷控制應該如何修改？

★ 你可以在接近目的地的河道加入另一個角色（例如漂流木），讓漂流木來回移動，如果小鮭碰到漂流木，就結束遊戲。程式應該如何編寫呢？

頭腦體操來了，一起實驗更多的做法！

回到家囉！好開心！

這個迷宮看起來很容易，要闖關成功其實很有挑戰性呢！

程式扭蛋機

條件判斷 │ Conditionals

程式的世界常常有需要做決定的時候，此時會用條件判斷來控制程式執行的路徑。條件判斷式使用「如果」做為開頭，會根據條件敘述的結果，來判斷是否要執行接下來的指令或動作。

櫻花鉤吻鮭

Oncorhynchus masou formosanus

圖源：維基百科（作者：邱文強）ⓒ

國立臺灣師範大學生命科學系　林思民教授／文

　　1917 年，青木赳雄先生取得梨山附近捕獲的一尾陸封性鮭魚。直到 1919 年，這條魚經由大衛・喬丹與大島正滿聯名發表，正式獲得科學上的認定。由於臺灣位處於北回歸線經過的亞熱帶地區，類似的緯度均無鮭魚或鱒魚的分布，因此這段櫻花鉤吻鮭的發現始末，無疑為亞熱帶臺灣的淡水魚類相增添了不少傳奇的色彩。

　　臺灣櫻花鉤吻鮭的成魚大約 30 公分長，公魚通常比母魚大。在大部分的季節裡，櫻花鉤吻鮭以綠松石色為基底，沿著身體兩側有 9 ～ 10 個垂直橢圓形的深色斑點，而沿著背脊兩側則分布著一些不規則的小黑點。嘴裂甚寬，延伸到眼睛下方。在交配季節，雄性的身體側面色彩會更為鮮艷，下顎呈現鉤狀。

　　典型的鮭魚會在海洋中成長，直到性成熟之後才會返回淡水中的出生地，產下的子代再進入海中成長。這種生態特性稱為溯河洄游。其實在高緯度的地區，櫻花鉤吻鮭本來就有溯河洄游的族群和陸封的族群。在地質歷史上，地球經歷了多次全球性大規模的氣候變遷；在冰河時期，由於全球物種的分布緯度南移，使臺灣也有鮭鱒魚類的分布。等到冰河退去之後，留在臺灣的族群往高海拔地區移動，利用高山溪流的低溫存活至今，導致這種長距離的間斷分布模式。困居在臺灣高山的櫻花鉤吻鮭在形態上和習性上均與北方的陸封性族群相類似，在淡水環境中完成牠的生活史，並不會溯河洄游。

　　在分類學的演進過程中，櫻花鉤吻鮭不管是中名、英名、學名，都曾經引起廣泛的討論；也有部分學者主張將其視為獨立的物種。即使目前仍然偏向認定臺灣的櫻花鉤吻鮭與日本的櫻鱒為同一種魚，但是這絲毫無損牠獨特的分布現象與保育價值。

　　在 20 世紀的早年，櫻花鉤吻鮭原本廣泛分布於環山部落以上的大甲溪各支流。但是到了二次大戰之後，由於大甲溪上游沿溪兩岸大量開墾為農園，種植果樹或高冷蔬菜，導致溪流的水質嚴重劣化。為了防止開墾造成的土石沖入下游的水壩，後續建設的攔砂壩阻絕鮭魚在河道內的移動，並造成部分河段的升溫，更成為櫻花鉤吻鮭嚴重的殺手。到了 20 世紀末期，普查所觀測到的魚隻數量已經降到 500 隻以下，族群極度瀕危。雪霸國家公園管理處在近年一方面收回農場進行棲地植被的改善，一方面進行拆壩工程，回復河道的暢通；最後再將繁殖成功的櫻花鉤吻鮭放流至水質逐漸改善的上游支流。多管齊下的措施，終於讓櫻花鉤吻鮭的數量有上升的趨勢。

NOTE

Scratch×生活
5
蘋果農場冒險記

又到了蘋果收成的季節。小黑和小藍來到蘋果農場，報名參加一年一度的蘋果採收比賽，一起為他們加油吧！

小藍，你喜歡吃蘋果嗎？

蘋果啊，喜歡呀！

聽說蘋果農場的蘋果就要收成了，需要朋友幫忙採收。

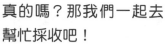

真的嗎？那我們一起去幫忙採收吧！

農場還辦了一場比賽，看誰可以在限時內採收最多的蘋果！

哇！那我們一起合作呀！我當你的啦啦隊，也幫你記錄採收蘋果的個數！

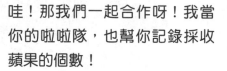

好哇！一起去蘋果農場吧！

我探索
Explore

說到蘋果，你會想到什麼？手機嗎？

在蘋果手機問世以前，全世界最有名的應該是讓科學家牛頓發現萬有引力的那顆蘋果吧！

牛頓與蘋果的故事是一個有趣的傳說，故事發生在 1665 年的秋天。當時，22 歲的牛頓坐在自家院子裡的蘋果樹下沉思，這時一顆成熟的蘋果正好落下，打在他頭上。牛頓突然想到：為什麼成熟的蘋果不往上飛，卻會向下落呢？這樣的問題一直被牛頓記在心裡，也啟發他在 1666 年發現科學史上最重要的定理之一：萬有引力。

任意兩個物體之間都存在相互吸引作用，而這種吸引作用普遍存在於宇宙萬物，稱為萬有引力。萬有引力的大小和物體的質量以及兩個物體之間的距離有關，簡單地說，物體的質量愈大，它們之間的萬有引力就愈大；物體之間的距離愈遠，它們之間的萬有引力就愈小。牛頓用來描述萬有引力的公式是：

$$F = \frac{GMm}{r^2}$$

其中，F 為「引力」；M 為物件 1 的質量；m 為物件 2 的質量；r 為物件 1 與物件 2 之間的距離，G 為「萬有引力常數」。

在萬有引力的公式中，不同的英文字母或符號各自代表不同的意義，也就是變數。因此，只要我們知道兩個物體的質量以及距離，很容易就可以將這些數值資料帶入萬有引力公式的變數中，計算出兩個物體之間的萬有引力。

程式的世界裡也有「變數」，和前面描述萬有引力公式使用的變數有一點類似，但是功能卻不盡相同。當程式在執行的過程，需要將文字或是數字的資料儲存下來的時候，會將它們暫時儲存在一個稱為「變數」的地方。**我們可以把變數當作一個有名字的箱子，這個箱子可儲存文字或數字的資料，等需要時就能夠把資料拿出來使用，或是改變原本儲存的資料內容。**

生活中其實也存在很多不同用途的「變數」，比方說，棒球比賽積分板上列出各隊每一局的得分、電玩遊戲顯示的生命數或是分數、計步器、冷氣機上的溫度顯示、登入電腦的帳號和密碼等等。

以計步器為例，當我們開始使用時，會將計步器上的數字先歸零（**步數設為 0**），然後每走一步，計步器偵測到了，就會將螢幕上的數字增加 1（**步數改變 1**），如此一來，我們便可以讀取這樣的資訊，知道自己走了幾步。

我創作
Create

　接下來，讓我們創作一個小黑到農場採收蘋果的程式遊戲。我們會使用到「變數」來記錄遊戲時間內，小黑一共採收到幾顆蘋果。想一想，創作這個遊戲的程式設計藍圖，需要考慮到哪些角色以及個別的動作呢？

完整作品
https://scratch.mit.edu/proj
ects/363335081/

程式範例
https://scratch.mit.edu/proj
ects/363354288/

開啟 Scratch，讓我們
一起玩程式吧！

舞台背景｜設計舞台的背景

讓我們先在舞台背景繪製一棵蘋果樹吧！試試看，在繪圖工具運用幾個簡單的幾何圖形，填上適合的顏色創作一棵樹，然後加上天空以及草地。

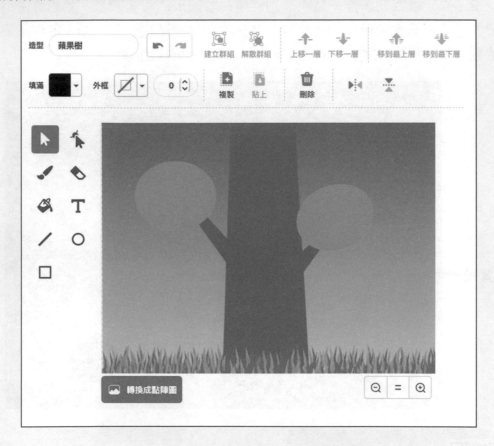

NOTE

2 樹葉｜加上一層樹葉

在做為背景的樹上加入一層樹葉，目的是為了讓蘋果在掉落前隱藏在樹葉之下。而這裡使用圖層的設置下移了 5 層，讓小藍顯示在樹葉圖層之上。

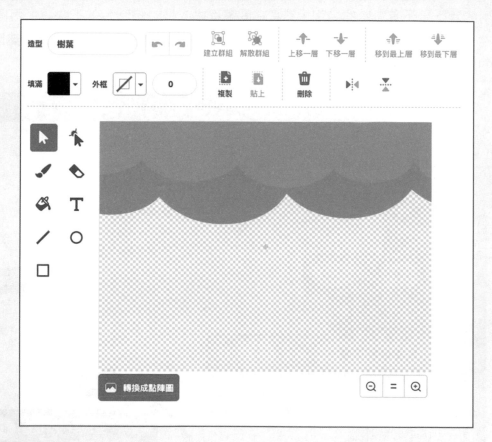

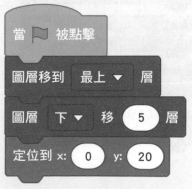

3 小藍｜初始化並廣播「遊戲開始」

　　將小藍定位在樹上的位置，然後**從「變數」的積木類別，建立一個名字叫做「分數」的變數，用來記錄小黑接到蘋果的個數。**（小提醒：我們會為程式裡使用的變數給予有意義的名字，這樣在閱讀程式或是除錯時，就不會發生困擾。）在**【說出～】**的指令積木放入字串組合以及「分數」的變數，加上**【重複無限次】**的迴圈就可以不斷地偵測、說出目前的分數。

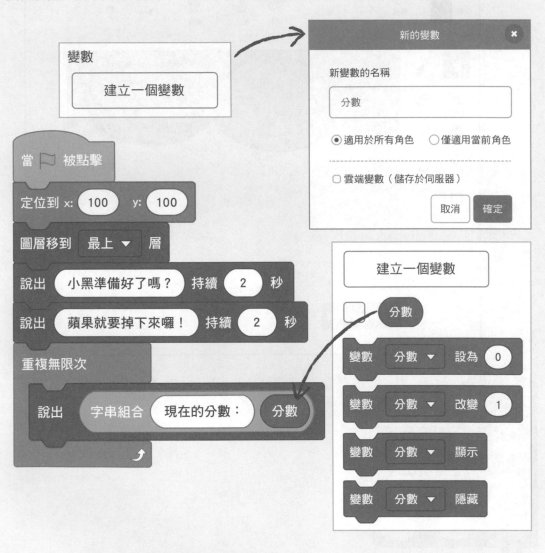

小黑｜兩個造型及初始設定

接下來，輪到小黑登場囉！加入小黑的角色，並且設計兩個不同的造型，在接到蘋果時做造型的切換。

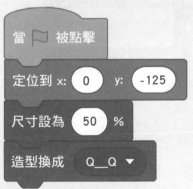

5 小黑｜左右的移動

　　我們將小黑固定在舞台下方，並且調整尺寸大小。然後在【重複無限次】迴圈裡，使用方向鍵的條件判斷，讓小黑可以向左、向右移動，並且將這段程式連接到上一個步驟。

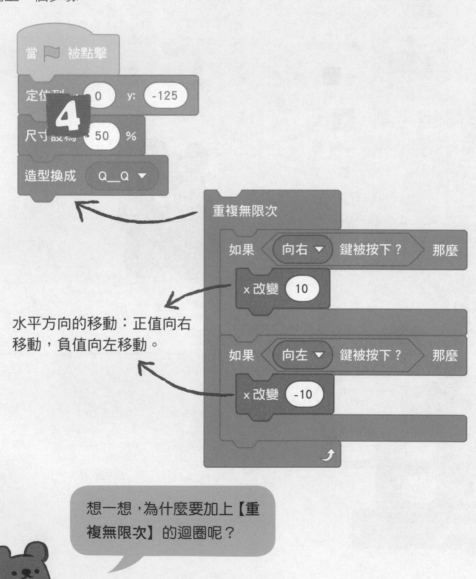

水平方向的移動：正值向右移動，負值向左移動。

想一想，為什麼要加上【重複無限次】的迴圈呢？

6 蘋果│落下的動作

　　一開始，讓蘋果隱藏，變數「分數」的值初始為 0。等待 5 秒後，顯示蘋果並讓它由上而下掉落。在【重複直到〜】的**條件判斷式迴圈**，蘋果會重複執行迴圈裡的指令，也就是每次往下移動 5 點，直到碰到小黑**或是**草地，就跳離開這個迴圈。

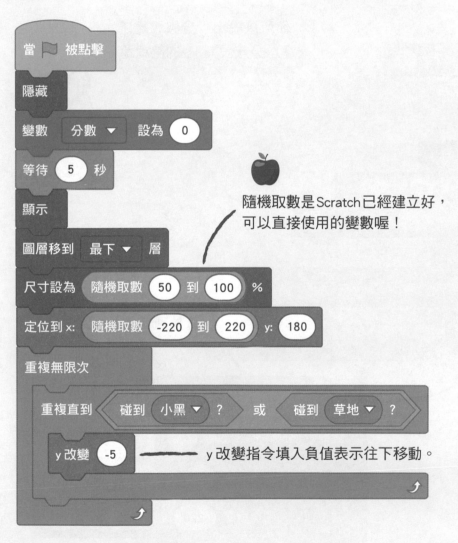

隨機取數是 Scratch 已經建立好，可以直接使用的變數喔！

y 改變指令填入負值表示往下移動。

7 蘋果｜加入碰到小黑的條件判斷

在上一個步驟之後加入**「條件判斷」**。如果蘋果碰到小黑的話，使用**【變數：分數改變 1】**的指令積木，讓分數增加 1 分，然後，讓蘋果角色回到樹頂上。

你可以說出「分數改變 1」和「分數設為 1」的差別嗎？

條件判斷是否碰到小黑。

回到樹頂。

8 蘋果｜碰到草地了

接下來，在上一個步驟繼續加入另一個條件判斷的程式：如果蘋果碰到了草地，那麼就播放遊戲結束的音效，並且停止這個遊戲。

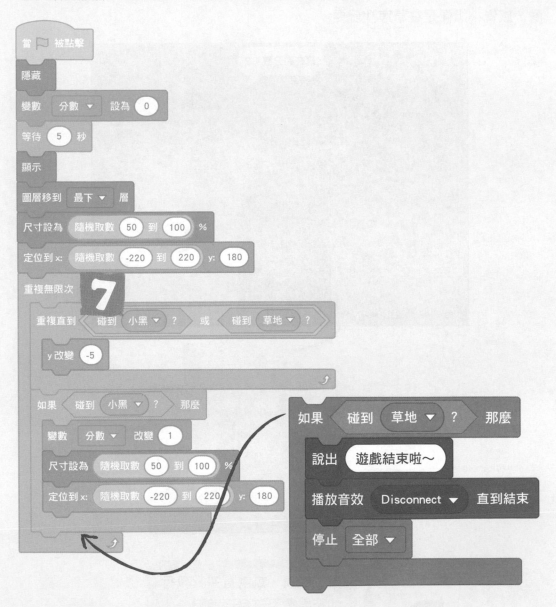

9 草地｜定位及圖層移到最上層

在這個遊戲，我們創造了一個「草地」的角色，主要的目的是用來偵測蘋果如果沒有被小黑接到、掉落到地面時，停止遊戲。另外，把草地的圖層移到最上層，感覺小黑像是在草叢裡玩耍。

10 小黑│神奇的蘋果

在步驟 7，如果蘋果碰到了小黑，會讓分數增加 1 分。我們可以讓小黑接到蘋果，切換不同的造型、播放音效，並且讓小黑的外型變大一些。

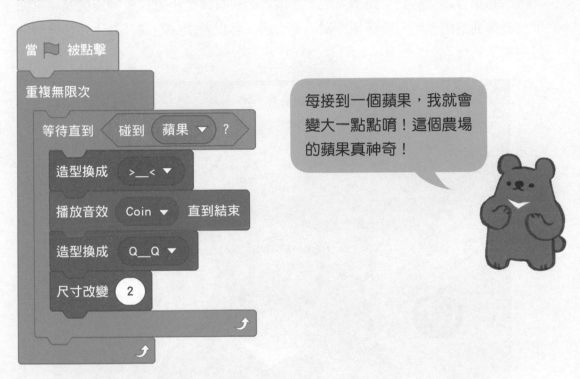

每接到一個蘋果，我就會變大一點點唷！這個農場的蘋果真神奇！

NOTE

「蘋果農場冒險記」遊戲完成了！讓我們一起幫忙小黑採收神奇的蘋果。如果我們想要讓這個遊戲變得更豐富、更有趣，可以繼續在程式裡加入什麼好玩的想法呢？

★ 如果想讓蘋果掉落的速度愈來愈快，我們要改變程式裡哪一個數值的設定呢？

★ 在遊戲中加入一個 30 秒的倒數計時器，如果時間到了或是蘋果碰到草地就停止遊戲，程式要如何編寫呢？

★ 加入另一個角色（比方說黑蘋果或是毛毛蟲），如果小黑碰到這個角色，分數就會變成 0 分，應該怎麼做呢？

頭腦體操來了，一起實驗更多的做法！

辛苦了！農場主人送了我們一籃蘋果，休息一下，一起吃吧！

碰到蘋果竟然會讓我的身體變大！不知道吃了會不會有更神奇的事情發生呀？

 程式扭蛋機

變數 │ Variable

變數是程式裡用來儲存資料的箱子，在這裡可以存放文字或是數字類型的資料，等到需要時就可以把資料拿出來使用，或是改變原本儲存的資料內容。

臺灣藍鵲

Urocissa caerulea

圖源：臺北市立動物園網站

國立臺灣師範大學生命科學系　林思民教授／文

　　身形華麗的臺灣藍鵲，可說是臺灣山林之中最美麗的飛羽映影。曾經看過牠拖曳著長尾從頭上飛越的人們，勢必會對牠的華麗外觀留下深刻的印象。而大部分人很難聯想到：這隻羽色華麗的動物其實是烏鴉的遠親，是鴉科鳥類的成員。

　　臺灣藍鵲全長大約 60 多公分，尾羽占全身大約三分之二。牠們有著紅色的嘴喙和雙足、黑色的頭頸、金黃色的眼睛，身體湛藍；而拖長的尾羽帶有明顯的白色橫帶，中央兩枚特別長的尾羽末梢則為白色。完美而飽和的色彩組合，使牠們成為山林之中最具有代表性的臺灣特有種鳥類之一。

　　臺灣藍鵲普遍分布在臺灣低海拔的森林，原則上牠們屬於雜食性鳥類，但是有能力取食相當多樣的小型動物作為獵物，包括小型鳥類、鼠類、蛇類、蜥蜴等等。牠們的家族性非常強，絕大多數都是小群活動，鮮少落單。

　　臺灣藍鵲的生殖季節從三月到七月，在枝葉濃密的高樹上以樹枝建構強固而粗獷的大型巢，家族會有強烈的護巢行為，對入侵巢區的其他動物進行驅趕。一對親鳥在繁殖季節通常會孕育至少兩巢、甚至三巢的雛鳥，而上一巢的子代經常會留下來共同餵食幼雛。其中雌性的姊姊們通常會在一兩年之後離群加入其他的群體，而雄性的哥哥們則會在巢邊協助父母照顧弟妹，目前所知的紀錄最長可達四年之久。這種親戚之間的幫忙有助於提升幼鳥的存活率，是鳥類行為生態學之中「合作生殖」與「巢邊幫手」的經典案例之一。

　　雖然臺灣藍鵲的分布遍及全臺，但是在各個縣市的出現頻率並不相同。有些地區的臺灣藍鵲在近年逐漸適應都會區的環境；例如在臺北市市區之內，公園綠地就可直接目睹藍鵲的繁殖族群，也讓牠們成為市區中令人驚豔的自然奇觀。

NOTE

Scratch × 生活

6 轉轉涼風扇

夏天好熱啊！趕快打開電風扇，讓涼涼的風吹散悶熱的空氣。電風扇是夏日的必需品，在這個單元，我們除了認識電風扇運轉的原理，也使用程式模擬電風扇的轉動，創作好玩的動畫。

小虎，今天超級無敵熱的！

是啊！想要躲在家裡。

那我們來玩桌遊如何？

好呀！我最喜歡玩桌遊了！

讓我先打開電風扇！

嗯！打開電風扇讓空氣流通，就不會那麼熱了。

小虎，玩桌遊前要不要先吃冰淇淋呀？

好哇！太棒了！有巧克力口味的嗎？

我探索
Explore

炎　炎夏日，電風扇是家裡不可或缺的電器。

電風扇的扇葉與馬達直接連結，使用電力驅動馬達讓扇葉跟著旋轉，使室內空氣加速流通。當電風扇開始運轉，室內空氣會跟著流動起來，促進人體汗液急速蒸發，所以我們會感覺涼爽（因為蒸發吸收大量的熱能）。進行這個專案前，我們可以準備一臺電風扇，觀察看看電風扇的外觀主要是由哪些部分組成的；另外，說說看：在電風扇基座上的按鍵，各自負責電風扇的什麼功能？

按下電源讓電風扇開始轉動，扇葉的轉動方向是順時針還是逆時針呢？選擇強、中、弱的不同風力，扇葉轉動的速度是否也會跟著不同呢？

　　電風扇是人們消暑常用的家電，它的工作涵蓋了許多物理的知識。比方說：當電風扇轉動起來，扇葉與空氣之間的交互作用力；另外，電風扇的主要部件是交流電動機，能量的轉化主要是由電能轉化為機械能。我們瞭解電風扇的基本運作之後，可以進一步思考：如果我們想使用程式來模擬電風扇的轉動，有哪些電風扇在工作時的重要特徵需要描述？例如風力強度與扇葉轉動的關係。這些特徵使用程式要如何呈現出來呢？

　　除此之外也可以想想看，電風扇上的功能按鍵應該如何設計，才可以讓使用者操作起來直覺又順暢。在這個程式專案，我們將嘗試設計電風扇的操作介面，透過**事件的觸發以及訊息的傳遞**，模擬電風扇的運作。

　　當我們按下電風扇的「ON / OFF」開關後，電風扇的扇葉便開始轉動。在程式裡，我們經常在【當綠旗被點擊】的程式積木後，開始編寫我們希望角色完成的任務或是動作。在 Scratch 的程式指令分類中，**「事件」的功能也就是當某個事件發生了（比方說當綠旗被按下了、空白鍵被按下了……），程式就會開始執行接下來的動作，這個過程我們稱為「事件觸發」。**

　　想一想，我們的日常生活，有什麼情況是「事件觸發」呢？

> 當鬧鐘響起，我就起床、刷牙、換衣服。

NOTE

　　如果程式裡有很多不同的角色，讓角色彼此溝通、互動的時候，常常會使用「廣播訊息」的方法來控制時序，也就是處理「什麼時候、做什麼事」的問題。比方說有兩個角色彼此對話，其中一個角色先說話，說完了再換另一個角色說，這時我們可以在程式中使用【等待時間】的方式來控制說話的時序。

　　但是，當對話量增加，或是要處理的任務變多了，使用【等待時間】來控制似乎會變得比較複雜、不容易。遇到這種情況的時候，我們可以改用事件積木指令裡的【廣播訊息～】以及【當收到訊息～】來處理，讓程式變得更有結構，也更容易處理不同事件發生時，不同角色所要執行的動作。

　　舉一個例子，如果我們在阿毛的程式裡，執行了【廣播訊息：跳】的事件積木指令；在小虎的程式裡，【當收到訊息：跳】之後，就會執行編寫在【當收到訊息：跳】指令後的動作，而不會執行【當收到訊息：走】指令後的動作。

接下來，我們將在這個程式專案裡使用到事件【廣播訊息】、【當收到訊息】的方法，讓涼風扇轉動起來，並且讓涼風扇有不同的轉速。想一想，在這個程式專案裡，一共需要幾個角色呢？每個角色又各自負責什麼任務呢？

完整作品
https://scratch.mit.edu/proj
ects/364003563/

程式範例
https://scratch.mit.edu/proj
ects/364001619/

開啟 Scratch，讓我們一起玩程式吧！

1 加入角色 1｜小虎

首先，加入自己喜歡的角色。你也可以自己設計角色喔！

我也想吹涼風扇，也把我加進程式裡吧！

2　小虎｜定位及說話

程式一開始，使用【滑行～秒到～】的指令積木，將角色定位到適合的位置後，讓角色說話。

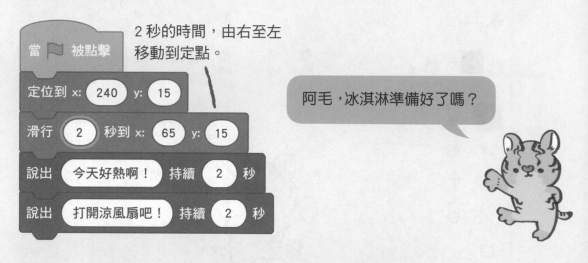

2 秒的時間，由右至左移動到定點。

當 🚩 被點擊
定位到 x: 240 y: 15
滑行 2 秒到 x: 65 y: 15
說出 今天好熱啊！ 持續 2 秒
說出 打開涼風扇吧！ 持續 2 秒

阿毛，冰淇淋準備好了嗎？

3　涼風扇基座｜設計角色及定位

加入涼風扇基座的角色，並且將它的圖層設在最下層。

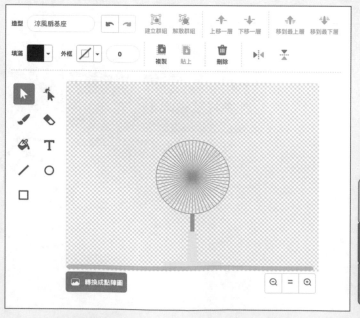

基座設為最下層，因為接下來會陸續加入風扇外殼和扇葉。

當 🚩 被點擊
圖層移到 最下 ▼ 層
定位到 x: -150 y: 90

扇葉｜設計角色及定位

　　加入涼風扇的扇葉，並且將它的圖層設定上移一層，也就是在基座之上。建立一個**「風力強度」**的變數，之後程式將會使用這個變數讓扇葉以不同的轉速轉動，一開始先將它初始化為 0。

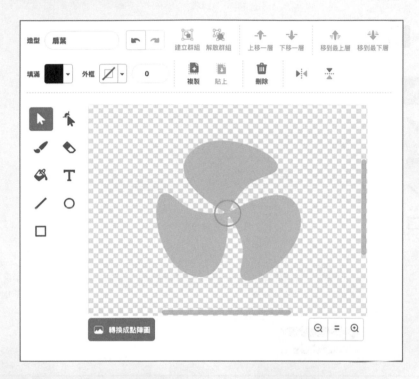

建立一個「風力強度」的變數，這個變數
的大小將會影響扇葉轉動的速度。

風扇外殼│設計角色及定位

加入涼風扇的外殼，並且將它的圖層移到最上層。

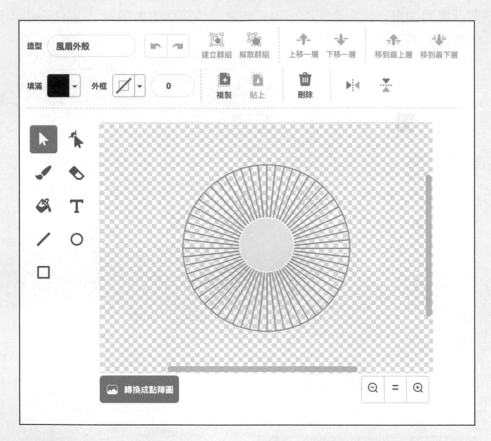

將涼風扇的外殼移至最上層，
不然可能會被扇葉覆蓋了。

電源開關 ON｜設計兩個造型

設計兩個電源開關的造型：底色白色,以及底色綠色的造型。在接下來的程式,我們希望按下了電源開關 ON,就會切換到底色綠色的造型。

我們先假設涼風扇已經插電了!

7 電源開關 ON ｜定位及點擊角色時

　　程式一開始，**「電源」**的變數初始化為 0。當我們用滑鼠點擊電源開關的按鍵後，**「電源」**的變數值會設為 1。因此，在另一個程式區塊當中給予的條件成立了，電源開關 ON 就會切換成綠色的造型。

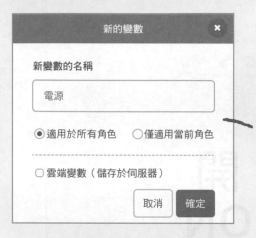

建立一個叫做「電源」的變數。
在這個程式裡，電源＝ 1 代表啟動電源；
反之，如果電源＝ 0 代表切斷電源。

按下這個角色，讓「電源」變數
設為 1（啟動電源）。

連續不斷地偵測電源是否開啟
來決定造型的切換。

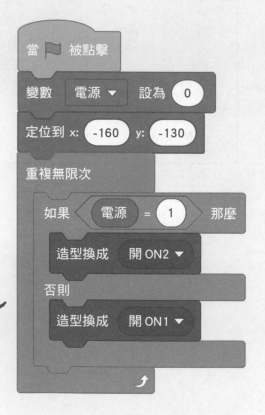

8　電源開關 OFF │ 定位及點擊角色時

　　當我們用滑鼠點擊電源開關的按鍵後，**「電源」**的變數值會設為 0，接著會通知，也就是廣播一個訊息通知風扇的扇葉停止轉動。從「事件」類別的積木裡選擇**【廣播訊息】**指令積木，建立一個名稱為**「扇葉停止轉動」**的新訊息，並添加在**【當角色被點擊】**的程式區塊。

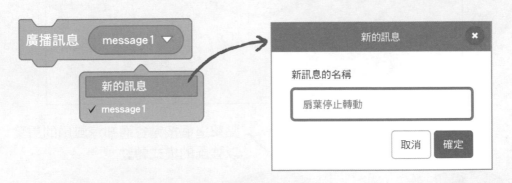

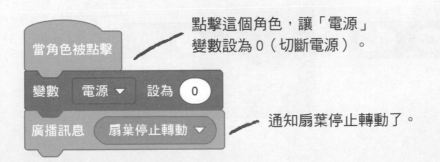

點擊這個角色，讓「電源」
變數設為 0（切斷電源）。

通知扇葉停止轉動了。

9　按鍵「強」｜定位及點擊角色時

從【廣播訊息】指令積木，建立一個名稱為「強」的新訊息。

當我們用滑鼠點擊風扇面板「強」的按鍵，如果此時**「電源」**變數值是 1 的話，就會廣播**「強」**的訊息給扇葉。

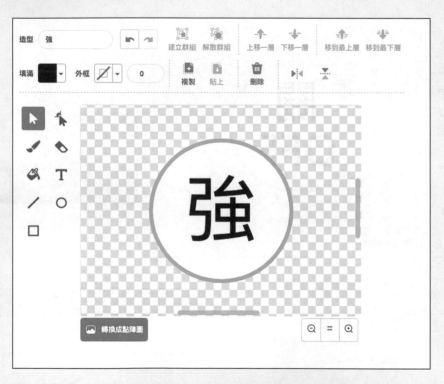

點擊這個按鍵會通知涼風扇的扇葉
以強風的模式轉動。

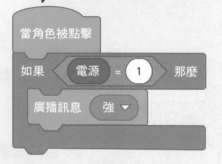

10 按鍵「中」│定位及點擊角色時

從【廣播訊息】指令積木，建立一個名稱為「**中**」的新訊息。

當我們用滑鼠點擊風扇面板「中」的按鍵，如果此時「**電源**」變數值是 1 的話，就會廣播「**中**」的訊息給扇葉。

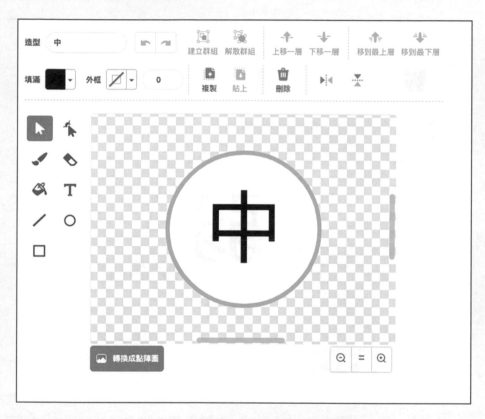

點擊這個按鍵會通知涼風扇的扇葉
以中段的模式轉動。

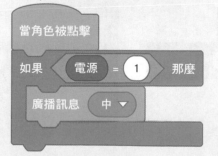

11　按鍵「弱」｜定位及點擊角色時

從【廣播訊息】指令積木，建立一個名稱為**「弱」**的新訊息。

當我們用滑鼠點擊風扇面板「弱」的按鍵，如果此時**「電源」**變數值是 1 的話，就會廣播**「弱」**的訊息給扇葉。

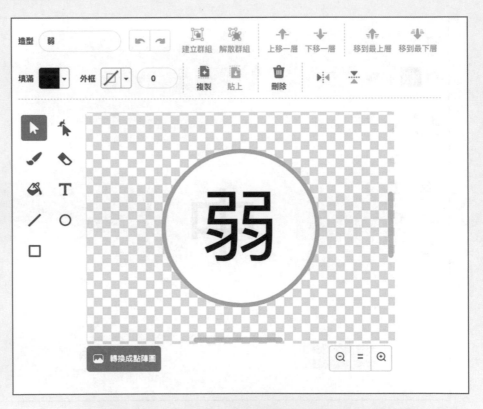

點擊這個按鍵會通知涼風扇的扇葉以弱風的模式轉動。

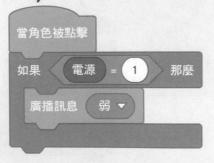

12 扇葉｜收到不同按鍵廣播的訊息

　　回到「扇葉」的角色，當它收到由不同風速按鍵（強、中、弱）廣播的訊息之後，扇葉就可以依照不同的角度旋轉。這裡我們在【右轉〜度】積木的轉動角度加入「風力強度」的變數：角度大，轉得快；角度小，轉得慢。

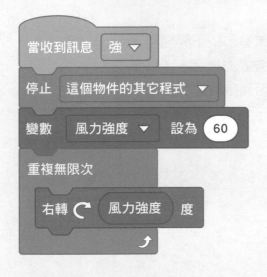

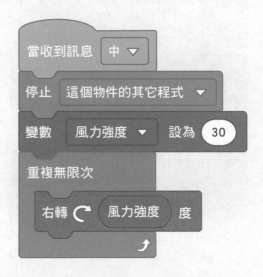

　　我們觀察到實際的涼風扇按下停止功能鍵時，扇葉不會立刻停止轉動，而是轉速變慢、緩緩地停止。所以，在扇葉接收到**「扇葉停止轉動」**的訊息後，會執行一段【重複直到～】的程式，目的是讓「風力強度」在迴圈裡每次減少 0.5，數值依序變小直到 0 為止，讓扇葉的轉動速度變慢，停止下來。

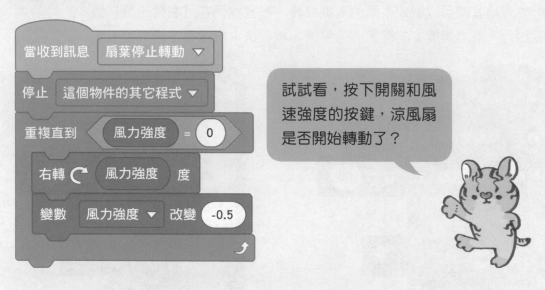

試試看，按下開關和風速強度的按鍵，涼風扇是否開始轉動了？

NOTE

我思考
Think

「轉轉涼風扇」的程式專案完成了！我們一起觀察看看，涼風扇是否可以依照不同按鍵正確地工作呢？如果我們想要讓這個程式變得更豐富、更有趣，可以繼續在程式裡加入什麼好玩的想法呢？

★ 如果把「風力強度」變數值設為 360，扇葉就不會動了，這是為什麼呢？
★ 如果想要讓涼風扇在電源開啟或關閉時「說話」，可以利用「文字轉語音」的功能來實現嗎？
★ 如果想要把涼風扇設計成「感應式」的，也就是當有人（或滑鼠）靠近時，涼風扇就自動轉動，應該怎麼做？

頭腦體操來了，一起實驗更多的做法！

電風扇真的是炎炎夏日不可或缺的消暑小幫手！

冰淇淋也是！呵呵！

程式扭蛋機

廣播訊息｜Broadcast

如果程式裡有很多不同的角色，讓角色彼此之間溝通、互動的時候，常常會使用「廣播訊息」的方法來控制時序，也就是處理「什麼時候，做什麼事」的問題。

石虎
Prionailurus bengalensis

圖源：Tambako The Jaguar ©

國立臺灣師範大學生命科學系　林思民教授／文

　　雖然冠上了一個「虎」字輩的稱號，但是石虎其實是隻小巧玲瓏的貓科動物。牠們的體長大約 50 ～ 65 公分，尾長大約 30 公分，大小就與家貓類似。自從雲豹在臺灣絕種之後，石虎成為臺灣唯一原生的貓科成員，也因此在保育上具有重要的意義。

　　就像大部分的貓科動物一樣，石虎是不折不扣的森林獵人。但是因為體型較為小巧，牠們可能較難獵食大型的動物，而是以鼠類、小鳥等小型脊椎動物為主要的獵物。儘管外觀和家貓極為類似，兩眼之間往上延伸至前額的明顯的黑白色條紋，以及耳後明顯的白色斑塊，都可以讓牠們和家貓做出區別。

　　實際上在亞洲地區，石虎堪稱為分布最廣泛、族群最穩定的野生貓科動物。唯獨在臺灣，因為近百年環境的驟變，導致石虎的族群數量明顯下滑。雖然過去曾廣泛分布在全島低海拔 1500 公尺以下的丘陵與山區，但是近年只有在苗栗、臺中、南投等地有較穩定的族群。

　　許多的石虎會出現在道路邊緣與農舍附近。雖然主要以野鼠或小鳥為主食，牠們偶爾也會入侵鄉間農戶的雞舍，造成農民之間的衝突。如何讓農戶與石虎在里山環境共存，是未來保育工作的重要課題。另一方面，道路切割也經常造成石虎的死傷。尤其在苗栗地區的山區道路，經常發生動物車禍，造成石虎族群的折損；生態學家正在結合道路的施工單位，尋覓方法讓石虎遠離危險的車道。

　　最後一個被民眾長期忽視的，則是野犬和野貓對石虎的獵殺和競爭效應。許多人誤以為野化的家犬或家貓都算是野生動物，但其實牠們都是經由先民的足跡播遷來臺的馴化動物。臺灣原生的貓科動物只有雲豹和石虎；沒有原生的犬科動物，即使是所謂的「臺灣犬」，也是先民馴養之後帶來的。臺灣的動物保護法在執行層面上過份偏重於犬貓的保育，但是卻長年忽略這些野化犬貓對野生動物造成的衝擊。在野生動物保育的議題之中，對原生動物殺傷力強大的犬貓，在野外棲地的活動勢必有嚴加管理的需要。

Scratch × 美術

7 設計一件 T-Shirt

用程式來設計一件好看 T-Shirt 吧！
想一想，你想要在這件 T-Shirt 上加上什麼，讓它變得獨一無二？

雲寶，我好喜歡你身上的斑紋，好好看喔！

真的嗎？你身上的梅花圖案也很美呀！

其實最近有設計班服的比賽，我正在苦惱應該怎麼做。

可以用程式來畫設計圖喔！

程式？感覺很有趣耶！

是呀！只要知道如何使用迴圈，就可以設計出獨一無二的班服囉！

那我們趕快開始吧！

好呀！Let's go!

生活中，如果仔細觀察，會發現有許多事物存在「規律性」，也就是說同樣的行為、動作，或是圖案會連續地重複。比方說：時鐘上的秒針，每秒鐘轉動 6 度，經過一分鐘後，回到原來的出發點，重複相同的動作。想一想，在你身邊還有什麼事物存在著規律性呢？

我發現有些窗簾或是地板磁磚的圖案也有規律性喔！在同一列的圖案，整齊、有規律地重複排列。這樣的規律和程式有什麼關係呢？（左圖攝於臺南司法博物館）

延伸活動
打擊節奏迴圈（Chrome Music Lab: Rhythm）
https://musiclab.chromeexperiments.com/rhythm/

電腦在處理我們所編寫的程式時，是一步接著一步，有先後順序地執行指令動作。比方說，如果想要用程式告訴機器人爬 5 階樓梯，我們會這樣描述程式：

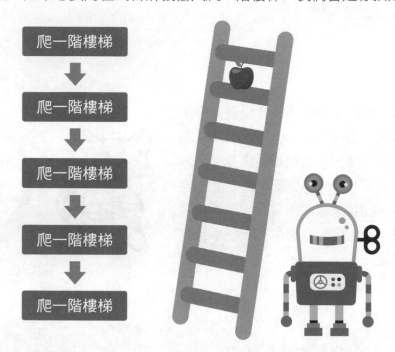

在上面的程式中，機器人會重複相同的指令、執行 5 次動作。如果我們要讓機器人爬 100 階樓梯，總共要編寫 100 行指令，讓電腦來執行。電腦的專長就是重複運作一樣的事，不會覺得無聊，也不會出錯。**「迴圈」(loop) 是程式中的一段指令，功能是讓電腦重複執行一樣的任務。**因此，我們可以把剛剛的程式利用迴圈來改寫如右。

> 重複 5 次
> 爬一階樓梯

如此一來，我們就可以**使用程式的「迴圈」功能來執行重複、規律的事情，程式也變得更簡潔易懂了。**

那麼，迴圈外可以再加上另一層迴圈嗎？答案是可以的，我們稱之為**「巢狀迴圈」**(nested-loop)，顧名思義，迴圈就像是鳥巢一般，一層又一層包覆。舉個例子，假如我們希望機器人可以爬 100 層樓梯，每爬完 5 層休息 3 秒鐘，程式可以編寫如右。

> 重複 20 次
> > 重複 5 次
> > 爬一階樓梯
> >
> > 休息 3 秒

　　日常生活中，我們也經常會執行重複、規律的動作，比方說跳繩、做體操、跳舞等等。以跳繩為例，如果我們把「跳繩 100 下」轉換到程式的描述，就是在重複 100 次的迴圈裡面執行「跳繩動作」的指令。而另一種情況是，如果我們想要連續不斷地跳繩，直到跳滿 3 分鐘才結束，這時就要在重複執行的迴圈當中加入條件判斷，控制是否要繼續執行迴圈指令，這就是「條件判斷式迴圈」。

　　回到機器人爬樓梯的例子，如果我們想要讓機器人重複不斷地爬樓梯，直到碰到蘋果後，停止爬樓梯的動作，然後說出「到達」。使用【**重複直到～**】的條件判斷式迴圈，程式可以這樣描述：

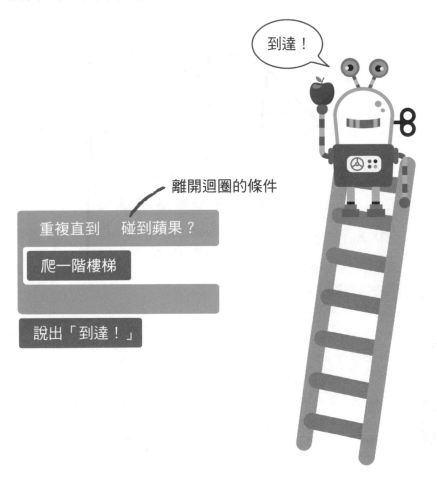

　　瞭解程式的迴圈之後，讓我們和雲寶、大梅一起來設計一件好看的 T-Shirt 吧！在這個程式專案，我們將會應用程式的巢狀迴圈、條件判斷式迴圈，以及畫筆的「蓋章」功能，讓圖案可以依照指令規律地、重複地印在 T-Shirt 上。先試著操作完整的作品，想一想，在這個程式專案裡，一共需要幾個角色呢？每個角色各自負責什麼任務呢？

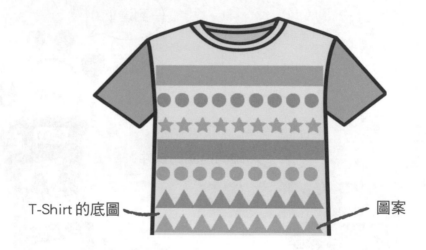

T-Shirt 的底圖　　　　　　　　　　　　　圖案

完整作品
https://scratch.mit.edu/projects/363291666/

程式範例
https://scratch.mit.edu/projects/363284173/

開啟 Scratch，讓我們一起玩程式吧！

背景 | 製作 T-Shirt 的底圖

點選背景，利用向量圖的工具繪製一件 T-Shirt 作為底圖。

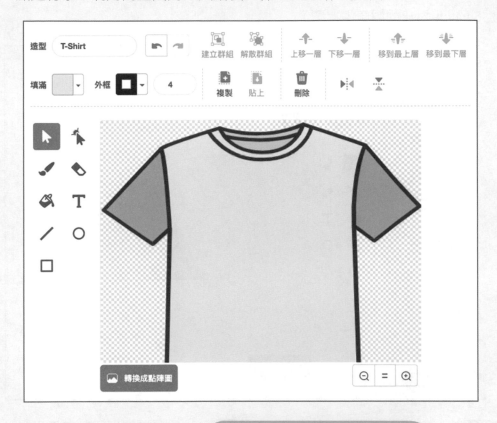

練習使用不同的繪圖工具，
設計衣服的版型。

我想要 T-Shirt 的袖子是
綠色的。

圖案｜創作不同造型的圖案及初始化

加入圖案角色之後，從角色造型的頁面，繼續增加不同的圖案或造型（也可以從 Scratch 內建的圖庫中挑選）。

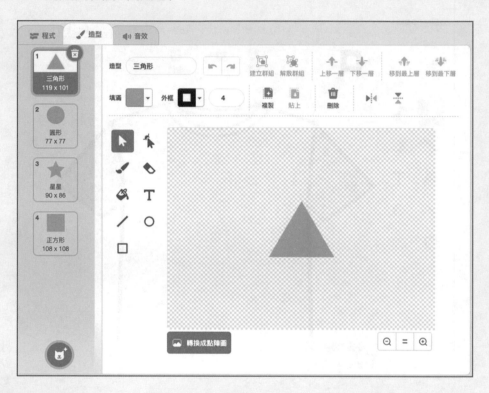

在這個步驟，我們選擇準備印製在 T-Shirt 上、自己喜歡的圖案，並設定圖案的尺寸比例。因為之後的步驟會使用畫筆工具，所以也要記得對畫筆工具做程式的初始化喔！

3 圖案 | 印製第一列的圖案

讓我們試著從 T-Shirt 的最底部印製一列圖案。在這裡我們運用了【重複直到～】的條件式迴圈，以及【如果～那麼～否則～】的條件判斷。因為一開始圖案是定位在舞台畫面最左側，所以要讓圖案連續地向右側移動，並偵測是否碰到了 T-Shirt 底圖。如果碰到 T-Shirt 底圖，就將圖案以蓋章的方法印製在衣服上，否則就繼續向右側移動，重複迴圈的指令直到圖案的 x 座標超過 220 為止。

必須碰到衣服的底色，而且不碰到黑邊才能將圖案印製上去。

也就是「沒有碰到黑色」。

讓圖案和圖案之間的間隔30點，你也可以改變間隔距離，看看會發生什麼事？

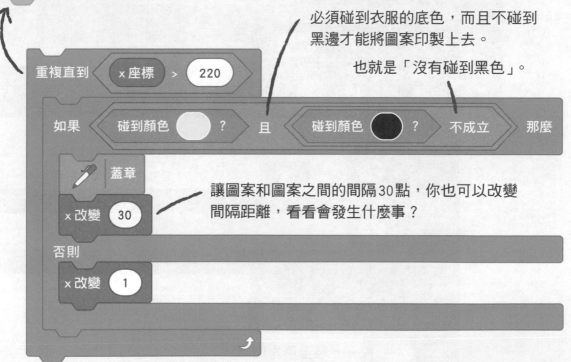

圖案│印製其它列的圖案

　　我們要繼續在 T-Shirt 上印製下一列圖案，也希望印製的圖案是隨機的。在上一個步驟的程式後，加上隨機的圖案造型選擇，並且讓圖案角色回到最左側（x 座標＝–240），然後往上移動 40 點（y 座標改變 40）。

　　接著，為了可以在衣服的每一列印製新的圖案，我們需要在上一個步驟的程式另外包覆一個【重複直到～】的條件式迴圈，而決定這個迴圈停止的條件是 y 座標大於 160。

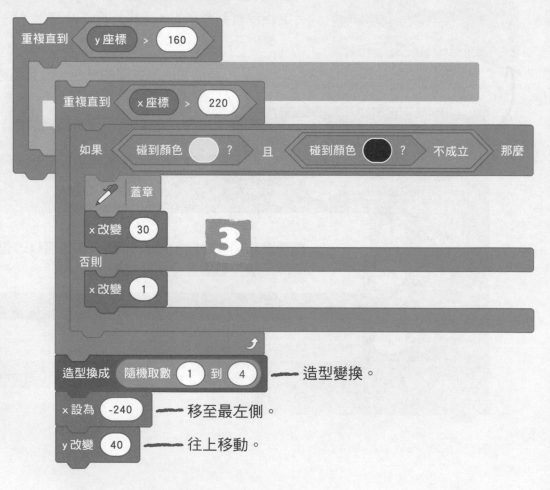

5 圖案｜想要增加顏色的變化

按下綠旗執行程式，圖案可以成功印在 T-Shirt 上囉！如果希望衣服圖案的顏色有一些變化，比方說，想要讓奇數列和偶數列的顏色不同，可以利用變數來控制喔！回到步驟 4 的程式，我們每印製完一列圖案後，讓「計數」這個變數的值增加 1，並且廣播訊息。

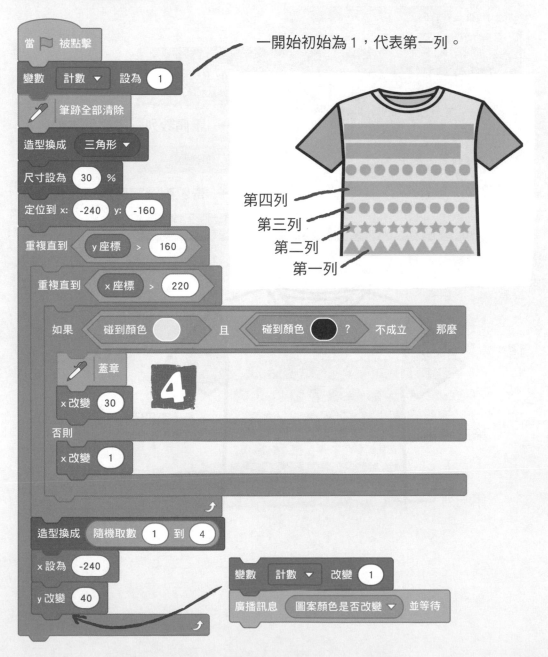

一開始初始為 1，代表第一列。

第四列
第三列
第二列
第一列

當 🏳 被點擊
變數 計數 ▼ 設為 1
🖊 筆跡全部清除
造型換成 三角形 ▼
尺寸設為 30 %
定位到 x: -240 y: -160
重複直到 y 座標 > 160
　重複直到 x 座標 > 220
　　如果 碰到顏色 ⬜ 且 碰到顏色 ⬛ ？ 不成立 那麼
　　　🖊 蓋章
　　　x 改變 30
　　否則
　　　x 改變 1
造型換成 隨機取數 1 到 4
x 設為 -240
y 改變 40
變數 計數 ▼ 改變 1
廣播訊息 圖案顏色是否改變 ▼ 並等待

6 ｜ 圖案｜當收到訊息時做判斷

當收到「圖案顏色是否改變」的訊息時，我們要判斷現在要印製的是奇數列或是偶數列。因為每個整數都可被區分為奇數或偶數：可被 2 整除的數是偶數，也就是餘數為 0；反之，則為奇數。依照這樣的特性，程式可以這樣描述：

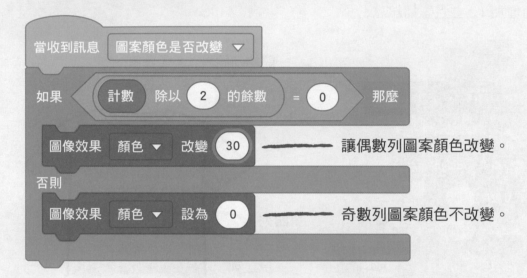

讓偶數列圖案顏色改變。

奇數列圖案顏色不改變。

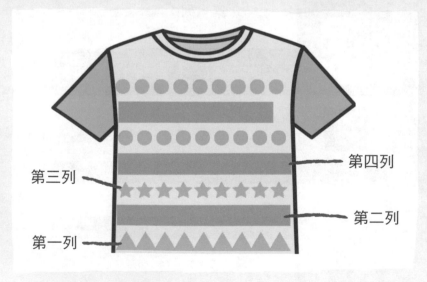

我思考
Think

「設計一件 T-Shirt」的程式專案完成了！如果我們想要讓這件 T-Shirt 變得更有創意、更與眾不同，你會想要加入什麼好玩的想法呢？

★ 如果想要每一列印製的圖案大小不同，應該怎麼做呢？

★ 原本的程式是以「列」為順序，也就是說，每個橫列印完圖案後，再繼續印下一列。如果想改成每一直排印完圖案後，再繼續印下一排，程式應該如何修改呢？

★ 試試看，你可以建立畫筆的角色，編寫程式讓畫筆跟著滑鼠自由地塗鴉、繪製在 T-Shirt 上嗎？

頭腦體操來了，一起實驗更多的做法！

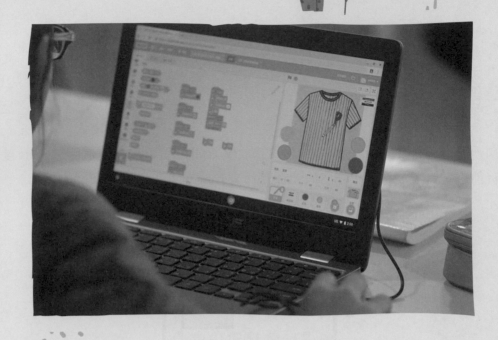

用程式設計 T-Shirt 實在很好玩耶！

哈哈～我的生日快到了，大梅設計一件 T-Shirt 送我吧！

程式扭蛋機

 迴圈 │ Loop

迴圈是程式中的一段指令，功能是讓電腦重複執行一樣的任務。我們使用程式的迴圈來執行重複、規律的事情，可以讓程式變得更簡潔。

雲豹

Neofelis nebulosa

圖源：Joseph Wolf

國立臺灣師範大學生命科學系　林思民教授／文

　　提到臺灣曾經出現、但現已滅絕的物種，大多數人的第一印象就是雲豹。成年的雲豹身長 60 ～ 125 公分，尾長 55 ～ 90 公分。全身以黃褐色為底，具有大塊雲狀的黑斑，因此稱為雲豹。每一隻雲豹的花紋都不相同，因此在國外的研究之中，花紋可以做為判斷個體的依據。

　　在過去的分類之中，將雲豹分為亞洲雲豹、印度雲豹、臺灣雲豹、巽他雲豹四個亞種。2006 年，巽他雲豹升格為有效的單一物種，而臺灣雲豹則與亞洲雲豹、印度雲豹合併。在步上滅絕之前，雲豹是臺灣黑熊以外最大的肉食性動物，有能力捕獵猴子、山羌、松鼠及鳥類等中小型動物。根據國外的行為觀察，顯示雲豹具有極佳的攀樹能力，甚至可以用「倒掛金鉤」的方式，從樹幹上撈取低處的獵物。

　　雖然沒有人確切知道最後一隻雲豹在臺灣消失的時間，但大多數人認為臺灣南部的大武山自然保留區是雲豹有可能存在的最後一塊淨土。然而，近二十年來，科學家利用自動相機進行各保護區的野生動物調查，均無發現任何雲豹的蹤跡。由於自動相機在全球已經是一項極為普及的研究工具，而臺灣擺放相機的努力量已經遠遠超過東南亞其他有雲豹出沒的地點，因此幾乎確定雲豹不再出現於臺灣的山林。後續大多數雲豹的目擊消息，原則上都缺乏科學上可信任的證據。

　　另外一個經常有關於雲豹的訛傳，來自近年有部分的文史學家，認為雲豹在臺灣缺乏正式有力的標本記載。其實 1862 年英國學者斯文豪氏即將雲豹納入臺灣的物種名錄，並將臺灣收集到的數張豹皮交由大英博物館收藏。而根據近年考據的文獻，也顯示德籍學者梭德氏在 1905 年，與日籍學者牧茂市郎在 1923 年，均曾採集過雲豹。牧茂市郎並親自指揮採集者，將阿里山捕獲的雲豹剝製成標本。比對當時黑白照片中的姿態與皮毛花紋，同一隻標本現在就是國立臺灣博物館最珍貴的一份館藏。因此，臺灣博物館的該件雲豹標本即可確定是採集於阿里山區，而雲豹在臺灣出現的證據，亦可獲得強烈的支持。

Scratch × 數學

8 小黑的數學教室

阿蛙最近開始背九九乘法，可是背不起來，覺得好煩惱。還好小黑想到一個好辦法，讓阿蛙可以快快樂樂學會九九乘法。

阿蛙，你在背九九乘法呀？

是呀！我已經背了一個早上了，還沒有背得很熟。

你知道九九乘法是誰發明的嗎？

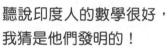

聽說印度人的數學很好，我猜是他們發明的！

不是喔！相傳在春秋戰國時代，「九九歌」就已經被人們廣泛使用了，在當時許多的文史著作中，也都有九九歌的記載。

哇！原來兩千多年前，就已經有九九乘法了！

對了，你知道嗎？聽說印度的孩子不僅要背九九乘法，而且還會背到 19×19 唷！

天啊！幸好我不是在印度念書 @@

我探索
Explore

加減乘除符號的由來：
日常生活中，我們經常會使用加減乘除的四則運算，這也是數學最基本的算術運算。不過你知道加減乘除這幾個運算符號的由來嗎？

「+」、「−」出現於中世紀。據說，當時的酒商習慣在賣出酒後，使用橫線在酒桶上標出存酒位置；當酒商再往桶裡加注酒時，便用豎線條把原來畫的橫線劃掉。於是就出現用以表示減少的「−」和用來表示增加的「+」。

到了 15 世紀，德國數學家魏德邁正式創立了「+」、「−」號，在橫線上加一豎是「+」，表示增加；從加號中減去一豎就是「−」，表示減少。

根據記載，在 1631 年，英國數學家威廉・奧特雷德認為乘法是加法的一種特殊形式，例如：3+3+3+3 = 3×4 = 12。於是他便把加法所使用的加號「+」轉動 45 度角，成為沿用至今的乘號「×」。

1659 年，瑞士數學家雷恩想要表達「把一個數分成幾等分」，可是當時並沒有符號用來表示這種計算。結果雷恩靈光乍現，想到可以用分數的形式來表示：上方和下方分別用「·」代表分子和分母，中間再畫一條橫線把上、下兩點分開，抽象化表示了「分」，於是，除號「÷」也出現了！

（資料來源：大家談教育網站——數學讀寫）

延伸活動
影片：數學符號是從哪裡來的？
https://youtu.be/eVm063xmnow

在程式作品的創作過程中，我們經常會使用變數結合數學的運算，來達到我們想要的目的。而**程式設計中所使用的數學符號，例如：加、減、乘、除、大於、小於等等，我們稱作「運算元」(operator)。一般來說，程式的運算元可以進一步區分成算術運算元、比較運算元和邏輯運算元。**

程式中所使用的算術運算符號（也稱為「算術運算元」）和我們在數學裡的 ＋ － × ÷ 符號有點不一樣。因為鍵盤上沒有乘號「×」，而且「×」也容易與英文字母的小寫「x」混淆，因此使用鍵盤上的「*」（星號）當作乘號；鍵盤上也沒有除號「÷」，所以使用「/」（反斜線）來表示除號。

名稱	Scratch 使用的符號	使用範例	運算結果（數值資訊）
加	+	3 + 5	8
減	－	8 - 2	6
乘	*	6 * 7	42
除	/	24 / 3	8

此外，我們也會對數值進行比較（大於、小於和等於），在程式裡稱為**「比較運算元」**，所使用到的運算符號和我們在數學裡學習到的一模一樣。和算術運算元不同的地方是，比較運算元會對兩個數值進行條件判斷，運算的結果以「真／假」(True/False) 來表示，稱為「布林值」。

名稱	Scratch 使用的符號	使用範例	運算結果（布林值）
大於	>	5 > 3	真
小於	<	100 < 50	假
等於	=	20 = 20	真

我們在之前的程式作品中使用過條件判斷式。在六角形的條件陳述句裡，我們除了可以使用上面提到的比較運算元，也會使用到**「邏輯運算元」：且 (AND)、或 (OR)、不成立 (NOT)**。邏輯運算元很像英文的連接詞 and/or，用來連接兩個句子，它會把使用不同條件判斷後各自得到的布林值，放在一起進行邏輯運算，而最後的運算結果也會用布林值「真／假」(True/False) 來表示。

名稱	使用範例	運算結果（布林值）	說明
且	5 > 3 且 1 < 5	真	左右兩邊的條件判斷都成立時，結果為真。
	3 > 5 且 1 < 5	假	若其中之一不成立，結果為假。
或	3 > 5 或 1 < 5	真	左右兩邊只要有一個條件判斷成立，結果為真。
	3 > 5 或 5 < 1	假	若兩邊條件都不成立，結果為假。
不成立	3 > 5 不成立	真	傳回和原本條件判斷結果相反的布林值。
	5 > 3 不成立	假	

接下來，讓我們和小黑、阿蛙一起用程式創作一個好玩的數學搶答遊戲吧！
在這個程式專案，我們將透過程式介面讓使用者可以與程式互動答題、瞭解電腦
的輸入與輸出，並使用條件判斷的積木指令來決定使用者答題正確或錯誤時，應
該執行的動作。

完整作品
https://scratch.mit.edu/proj
ects/354785416/

程式範例
https://scratch.mit.edu/proj
ects/354467965/

開啟 Scratch，讓我們
一起玩程式吧！

背景│繪製電腦螢幕做為背景

點選背景並使用向量圖的工具,繪製一個電腦螢幕做為這個遊戲的背景。

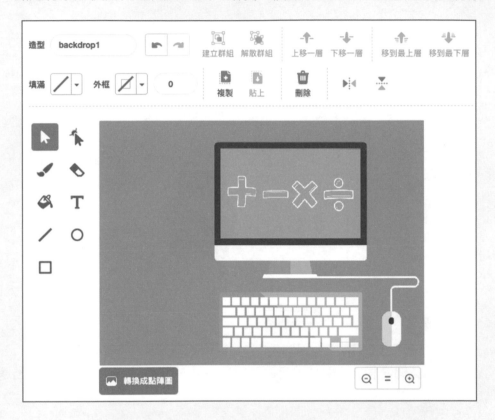

你也可以自己設計電腦螢幕的
畫面或文字。

小黑老師｜角色的初始化動作

加入小黑老師角色，在造型頁面，有兩個造型可以切換。

返回程式區編寫程式。讓小黑老師執行初始化的指令之後，廣播「開始出題」的訊息。

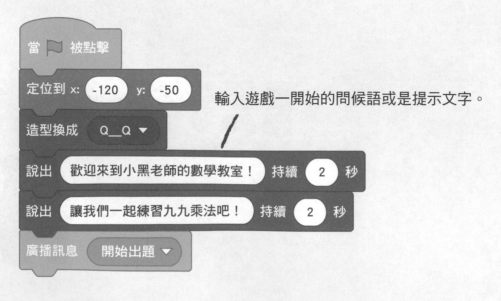

輸入遊戲一開始的問候語或是提示文字。

3　小黑老師｜建立題目的變數

　　小黑老師準備出題，題目是 9 以內的任意兩個正整數相乘。我們先從變數積木中建立 3 個變數：A 是被乘數，B 是乘數，**正確答案**指的是 A 乘以 B 所得到的值。

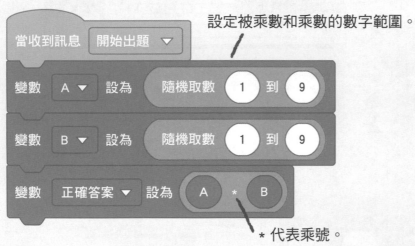

設定被乘數和乘數的數字範圍。

* 代表乘號。

A × B = 正確答案

小黑老師｜詢問題目並等待回答

接下來，我們使用偵測積木的【詢問～並等待】，並且連接 3 個字串組合，帶入上個步驟所建立的變數，程式執行的時候，小黑老師角色上方出現的對話泡泡就會説出題目。另外，在舞台下方同時出現的空白欄位，則是用來等待使用者輸入這個問題的答案。

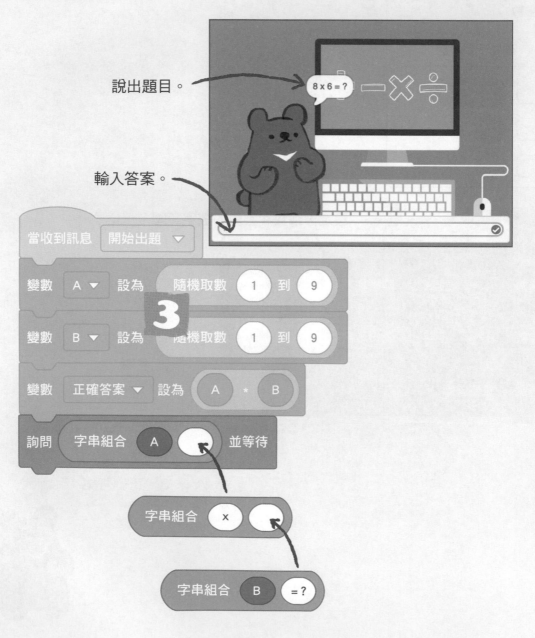

5 小黑老師｜判斷回答是否正確

在上一個步驟，小黑老師詢問了一個乘法的問題，我們所回答的資訊會被儲存在偵測積木的內建變數，也就是【詢問的答案】中。我們使用【如果～那麼～否則～】的條件判斷式，比較【詢問的答案】這個變數，以及在步驟 3 所設定的變數【正確答案】的數值內容：如果數值是相等的，表示答對了；否則，就是答錯了，讓小黑老師說出正確的答案。

此外，在條件判斷的不同路徑，分別插入「答對」以及「答錯」的廣播訊息，目的是讓下一個步驟新增的角色──阿蛙，可以在答對或答錯的時候，說不同的話、做出不同的動作。判斷完成後，廣播訊息【下一題】，進行新的提問。將以下積木指令與上一個步驟完成的指令連接在一起。

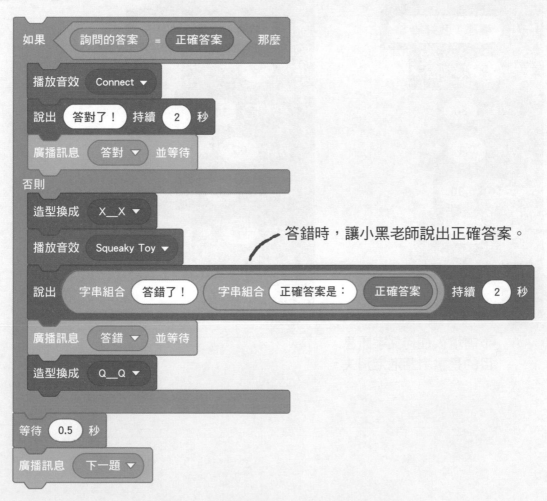

答錯時，讓小黑老師說出正確答案。

6　阿蛙｜當收到訊息時

　　我們可以邀請阿蛙加入這個遊戲，一起練習九九乘法喔！當阿蛙接收到來自小黑老師依照條件判斷的路徑廣播的不同訊息時，就會執行不同的指令動作。

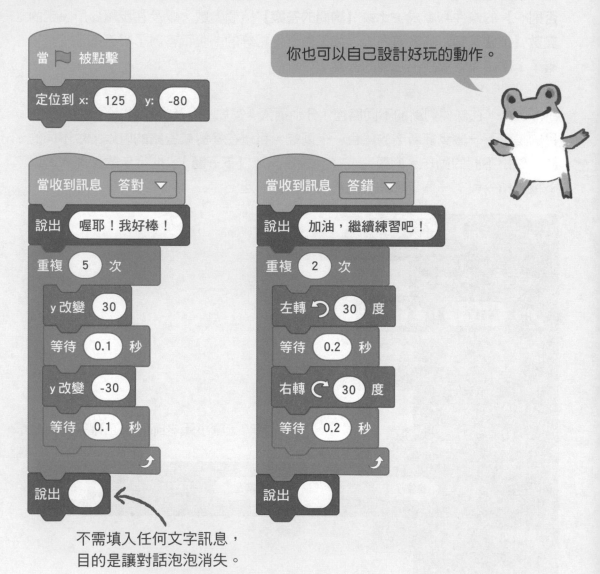

你也可以自己設計好玩的動作。

不需填入任何文字訊息，
目的是讓對話泡泡消失。

7 下一題按鍵｜接收訊息並顯示

在步驟 5 的條件判斷結束後，小黑老師會廣播【下一題】的訊息給下一題按鍵角色，此時，我們讓它顯示在電腦的螢幕上，讓使用者可以點按，做為下一題按鍵。

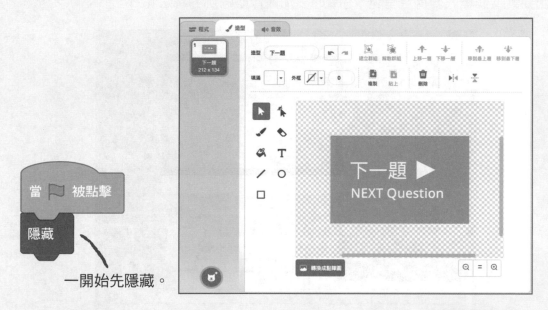

一開始先隱藏。

為了讓小黑老師可以繼續出新的題目，我們使用【當角色被點擊】的事件積木指令來廣播【開始出題】的訊息。如此一來，小黑老師就可以重複執行步驟 3 ～ 5 的程式指令，進行新的提問並判斷答案。

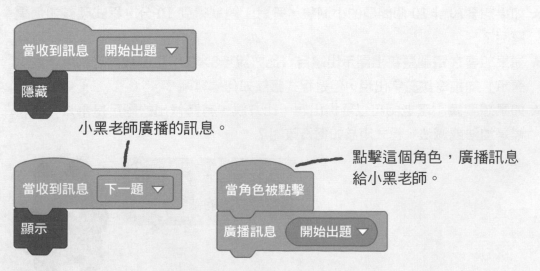

小黑老師廣播的訊息。

點擊這個角色，廣播訊息給小黑老師。

「小黑的數學教室」程式專案完成了！一起來練習乘法吧！試試看，如果我們要讓這個程式變得更有趣，你會想要加入什麼好玩的想法呢？

★ 【詢問的答案】是 Scratch 程式的內建變數。找一找，還有哪一些變數也屬於 Scratch 程式的內建變數呢？

★ 如果想要設計 10 個問題的小測驗，答對 1 題就得到 10 分，程式應該如何編寫呢？

★ 如果想要在電腦螢幕上顯示出題目（比方說，8×9 = ?），我們可以用「變數顯示」的指令讓數字出現，但是程式應該如何編寫呢？

★ 如果想要讓小黑老師可以隨機出題，比方說，有時候出的題目是乘法，有時候是加法或減法，程式應該如何修改呢？

頭腦體操來了，一起實驗更多的做法！

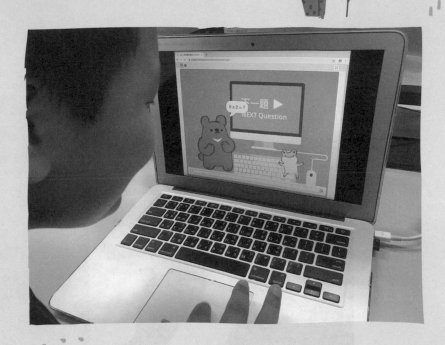

我學會九九乘法了！好開心喔！

下次我們來挑戰四則運算吧！

程式扭蛋機

運算元｜Operator

程式中所使用的數學符號，例如：加、減、乘、除、
大於、小於等等，我們稱為「運算元」。程式的運
算元可以進一步區分成算術運算元、比較運算元和
邏輯運算元。

臺灣黑熊

Ursus thibetanus formosanus

圖源：維基百科（作者：Abu0804）ⓒ

國立臺灣師範大學生命科學系　林思民教授／文

　　熊科動物在全球的物種特徵非常有趣：緯度愈高、溫度愈冷，熊的體型就愈大，而且毛色愈淺（例如北極熊）；而緯度愈低、溫度愈高，熊的體型就愈小（例如熱帶地區的馬來熊）。直到今天，這幾項有趣的規律，仍然是生態學家熱烈探討的議題。

　　臺灣黑熊與亞洲黑熊在分類上仍屬同種，而臺灣黑熊是臺灣的特有亞種。即使比高緯度的其他熊類小上許多，黑熊仍然是臺灣體型最大的肉食動物。體重約 50 ～ 200 公斤，體長約 120 ～ 180 公分，公熊比母熊大。全身布滿烏黑而粗獷的毛髮，尤以頭頸之處最為蓬鬆。而胸頸前的半月型白色花紋，是牠的註冊商標。

　　通常愈大型的生物需要愈大的活動範圍，也會愈遠離人類的聚落。黑熊其實是適應力非常好的動物，但是在臺灣，因為人類開發和狩獵的壓力，導致數量銳減，族群也退縮到罕無人至的深山地區。在保育生物學上，大面積的保護區通常是這類大型哺乳類最後的避難所。也因此，沿著中央山脈和雪山山脈軸線上的核心區域，即成為黑熊在臺灣最後相對穩定的棲息環境。在不同的季節之中，這些黑熊會在廣大的活動範圍內移動，並尋找合適的食物資源。

　　近年由於保育意識的抬頭，黑熊的形象經常成為臺灣保育行動的代表，堪稱為曝光率最高的瀕危物種之一。另一方面，由於狩獵壓力的降低，也讓黑熊在人類聚落周邊的目擊機率有增高的趨勢。在某些登山客經常出沒的山屋周邊，在垃圾桶翻找食物的黑熊可能會造成保育管理上的困擾，這些潛在的問題，都需要更細緻的保育策略來進行事先防範。

NOTE

Scratch × 自然

9 阿毛吹泡泡

一起來吹泡泡吧！看著繽紛透明的泡泡隨風飄散、破裂，不愉快和煩惱的事情是不是也跟著一掃而空了呢？

阿毛，你怎麼看起來悶悶不樂的，發生什麼事了呀？

唉！今天數學考不及格，心情在下雨……

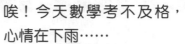

噢！心情不好的時候，我會做一件事。

做什麼事可以讓心情變好？

吹泡泡！

泡泡有讓心情變好的神奇魔力嗎？

對呀！你要跟我一起去吹泡泡嗎？

好呀！Let's go!

我探索
Explore

泡 泡是由一層薄膜包圍著空氣構成的。
當我們對沾了泡泡水的吸管吹氣，空氣注入吸管後，就會被
包進一層薄薄的膜內，形成泡泡。這層薄膜又是什麼呢？其實這層
薄膜是由許多清潔劑分子包圍住水所形成的。

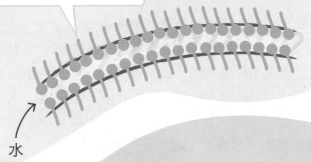

親水端
清潔劑分子 — 親油端

薄膜

空氣

水

泡泡水（或清潔劑）是一種「界面活性劑」。

界面活性劑由許多特殊的分子所組成，這些分子的特徵是：頭尾二端
的性質不一樣，一端喜歡和水親近，我們把它稱為「親水端」；另一
端不喜歡水，喜歡和油親近，我們把它稱為「親油端」。當清潔劑的
分子遇到水的時候，「親水端」的一頭就會包圍住水，形成薄膜了。

延伸活動
影片：生活裡的科學
　　　——泡泡玩科學
https://youtu.be/8w6VKsyvq0c

在這個程式專案，我們想用程式模擬吹泡泡，第一個想法可能是先創造一個泡泡的角色，然後再加入動作相關的指令積木，讓泡泡在空中飄浮。但是如果我

們想要讓空中同時出現很多泡泡，應該怎麼做呢？

也許你會這麼想：「複製同一個泡泡角色很多次！」這的確是一種做法，但是如果希望畫面上出現 100 個泡泡，就要複製同一個角色 100 次，聽起來好像有點累人。

這時控制積木裡的**「分身」**功能就可以派上用場了，它可以讓這樣的問題更容易解決。什麼是「分身」呢？**「分身」在程式裡的意思是複製角色自己，而且我們可以決定分身在程式中要執行什麼任務或動作**。舉個例子，如果我們想要產生 10 個泡泡的分身，可以這麼做：

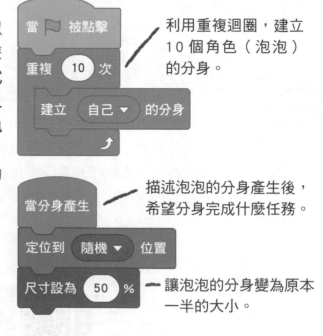

利用重複迴圈，建立 10 個角色（泡泡）的分身。

描述泡泡的分身產生後，希望分身完成什麼任務。

讓泡泡的分身變為原本一半的大小。

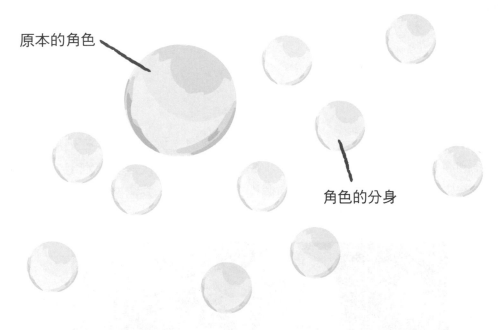

原本的角色

角色的分身

執行程式後,你會發現畫面上出現了 11 個泡泡,其中有一個最大的泡泡,它是原本的角色;另外 10 個比較小的泡泡則是分身,因為我們在分身產生後,將分身定位在畫面上的任意位置,並且讓分身的尺寸變為原來的一半(也就是50%)。如果我們希望畫面上只有 10 個泡泡的分身,可以這麼做:

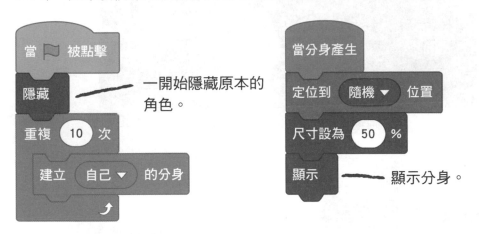

一開始隱藏原本的角色。

顯示分身。

再執行一次程式,原本的角色本身被隱藏起來了,畫面上出現的 10 個泡泡是角色的分身。

接下來，讓我們跟著阿毛和阿蛙一起去吹泡泡、玩泡泡吧！在這個程式專案裡，我們將會使用到「分身」的方法，點擊滑鼠讓阿毛接連吹出泡泡，而且泡泡可以在空中飄浮移動。想一想，在這個程式專案裡，一共需要幾個角色呢？每個角色各自負責什麼任務呢？

背景

阿毛　　　　泡泡

完整作品
https://scratch.mit.edu/proj
ects/359269680/

程式範例
https://scratch.mit.edu/proj
ects/345878084/

開啟 Scratch，讓我們一起玩程式吧！

1 背景｜自己設計一個吹泡泡的場景

　　點選背景，你可以從背景圖庫中，挑選一個自己喜歡的舞台背景，或是自己
設計一個適合吹泡泡的場景。因為之後加入的泡泡角色是接近透明的，所以背景
的顏色可以稍微深一點，以免之後出現在畫面上的泡泡變得不清楚。

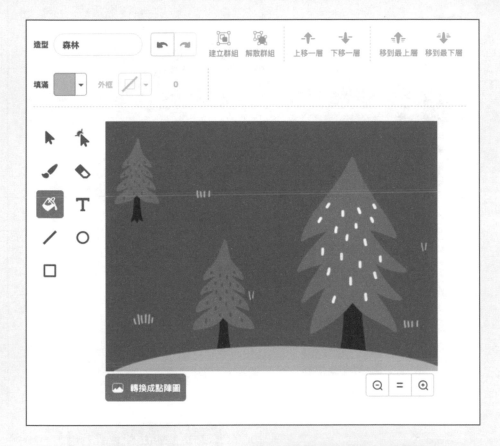

我們要到哪裡吹泡泡呀？

到空曠的草地上吹泡泡吧！

阿毛｜定位到鼠標位置

加入阿毛角色之後，從角色造型的頁面將阿毛往左搬移，讓中心點靠近吸管的位置。因為等一下我們會使用滑鼠點擊，位置就是吸管的前端，角色的中心點。

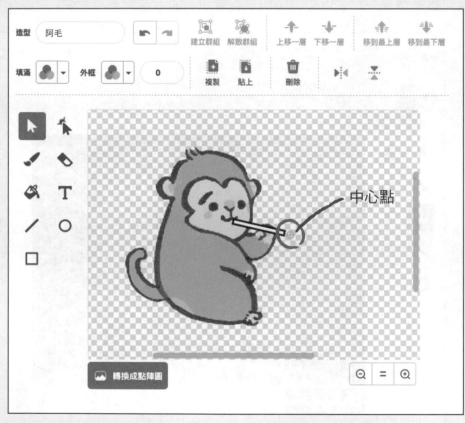

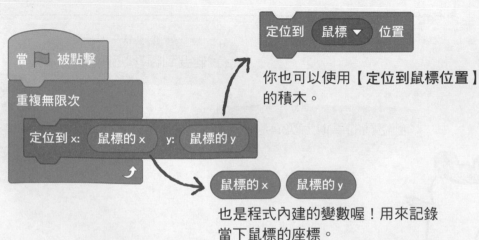

你也可以使用【定位到鼠標位置】的積木。

也是程式內建的變數喔！用來記錄當下鼠標的座標。

3 泡泡｜加入泡泡角色及建立分身

加入泡泡的角色。點選造型頁面，一共有 4 種不同的泡泡造型。

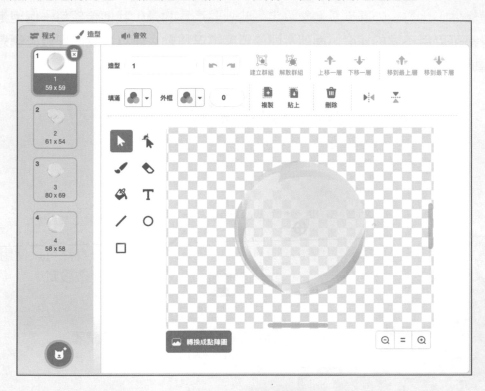

在一開始執行程式時，我們讓泡泡角色先隱藏，待分身產生時再顯示出來。接著，我們希望泡泡是按下滑鼠鍵之後再產生的，所以加入【如果～那麼～】的條件判斷，建立泡泡的分身。另外，**因為加上了這個【等待直到～】的積木，必須等到按下的滑鼠鍵被釋放後，才能夠在下一次迴圈執行時偵測是否有按下滑鼠鍵，建立新的分身**（吹新的泡泡）。

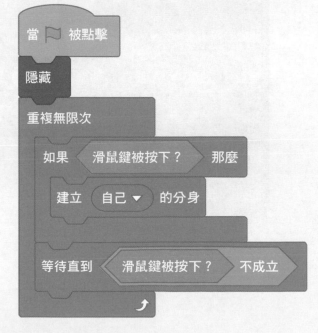

泡泡｜當分身產生時的初始設定

按下滑鼠鍵之後，泡泡的分身產生了，我們需要先為泡泡的分身設置初始的狀態條件，比方説外觀以及變數設定。此外要注意的是，**我們希望每一個泡泡的分身都可以用不同的速度、面朝不同的角度飄浮移動，所以建立的變數必須選擇「僅適用當前角色」。**

5 泡泡｜條件判斷迴圈：泡泡如何變大

　　當泡泡分身的初始設定完成後，阿毛就可以開始吹泡泡囉！我們在這個步驟建立一個【重複直到～】的條件判斷式迴圈，目的是在偵測到滑鼠的按鍵被釋放之前，重複執行迴圈的動作，讓泡泡的尺寸慢慢地變大。

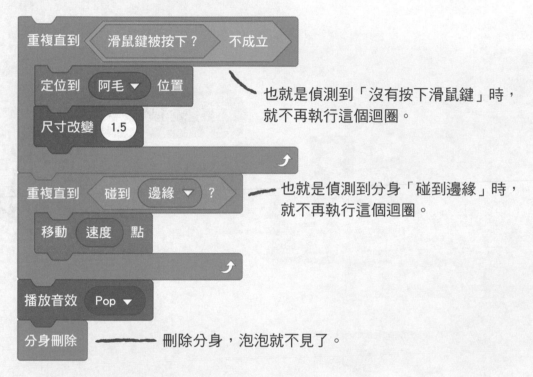

　　也就是偵測到「沒有按下滑鼠鍵」時，就不再執行這個迴圈。

　　也就是偵測到分身「碰到邊緣」時，就不再執行這個迴圈。

　　刪除分身，泡泡就不見了。

　　另外，當程式偵測到我們釋放滑鼠按鍵時，就會馬上跳離這個迴圈，於是泡泡的尺寸就被固定了。接下來，我們為了描述泡泡在空中的移動，再加入另一個【重複直到～】的條件判斷式迴圈，迴圈裡僅執行移動的指令。要跳離這個迴圈的條件是「碰到邊緣」，也就是泡泡會連續不斷地移動，直到碰到邊緣就破掉。

6　泡泡｜如果泡泡吹得太大，就會破掉

　　吹泡泡的時候，如果泡泡吹得很大，一不小心就會破掉。我們在程式裡，也試著描述這樣的情況，加入【如果～那麼～】的條件判斷，如果泡泡的尺寸大於 300 的時候，就使分身刪除，泡泡也就不見了。

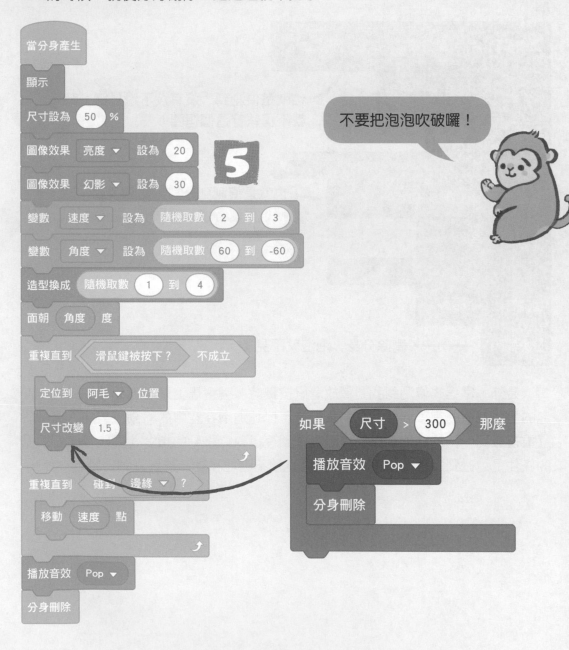

「阿毛吹泡泡」的程式專案完成了！我們一起來跟阿毛吹泡泡、追逐泡泡吧！如果我們想要讓這個程式變得更豐富、更有趣，可以繼續在程式裡加入什麼好玩的想法呢？

★ 如果想讓泡泡的移動速度快一點，應該怎麼修改程式？

★ 如果想讓泡泡可以吹得更大一點，應該怎麼做呢？

★ 陽光下的泡泡顏色好繽紛，試試看，我們如何改變泡泡的顏色呢？

★ 加入阿蛙，讓阿蛙可以在畫面上隨機移動，如果泡泡碰到這個角色就會破掉，我們應該如何編寫程式呢？

頭腦體操來了，一起實驗更多的做法！

阿毛！心情變好了嗎？

有耶！神奇的泡泡帶走煩惱了！

程式扭蛋機

分身｜Clone

忍者有分身術，程式也有喔！程式分身的功能也是複製角色自己。假設同一個角色要出現很多個，如果不使用分身的功能，就必須新增多個同樣的角色，再幫每個角色寫入程式，這樣會非常麻煩。使用分身只要一個角色加上程式，就可以利用程式來控制分身的動作囉！

臺灣獼猴

Macaca cyclopsis

圖源：Flickr（作者：Chi-Hung Lin）ⓒ

國立臺灣師範大學生命科學系　林思民教授／文

　　臺灣獼猴在分類學上有兩個重要的意義。首先，牠是臺灣現生唯一的野生靈長類動物。其次，在排除老鼠、鼯鼠、蝙蝠等小型動物之後，真正屬於臺灣特有種的中大型哺乳動物種類只有兩種，而臺灣獼猴就是其中之一（另一種是臺灣長鬃山羊）。

　　臺灣獼猴全身為灰棕色至土黃色，腹部的顏色則較淺。體長大約 36 ～ 65 公分，尾長大約 26 ～ 46 公分。成年的公猴體型比母猴大。面頰裸露，具有頰囊可以暫時儲藏食物。野外的猿猴通常都是日行性動物，因此利用白天的時間覓食。獼猴為雜食性動物，雖然牠們不會放過攝取動物性蛋白質的機會，但是野外可及的食物仍然以植物性食材為主。因此，獼猴的糞便裡也經常可見大量的植物纖維與種子。

　　臺灣獼猴為森林性的物種，分布海拔廣泛，可從海平面的海岸林一直到海拔 3000 公尺以上的針葉林。猴群的數量由數隻到數十隻不等，為母系社會，由穩定的母猴成員組成群體的核心份子，而一隻或數隻的公猴可獲准加入群體，取得與母猴交配的機會。通常年輕的公猴在成年之後必須離群獨居一段時間，直到找到下一個願意接納牠的猴群為止。

　　近年由於民眾對野生動物的保育習慣提升，狩獵壓力降低，導致部分地區的猴群較為親近人類聚落，臺灣獼猴也成為最容易在野外觀察的中大型哺乳動物。但是許多猴群在經過人類餵食之後，會養成向人類索食、搶食的習慣，不僅造成居民的困擾，對猴群本身的健康也形成威脅。人類如何與這塊土地上唯一的近親和平共存？顯然仍需更多的智慧。

Scratch × 自然
10 蒲公英的旅行

春天，在田野小徑、草坪、樹下，常常可以看到蒲公英的黃色花朵和白色絨球。摘下它的白色絨球，向它吹氣，絨球上長著纖毛的種子，瞬間隨風飛翔，好像降落傘。我們想要用程式創作蒲公英，捕捉蒲公英種子飛翔的樣子。

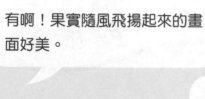

今天在樹下看到好多蒲公英的白色絨球，好可愛喔！

那你有對著蒲公英吹氣嗎？

有啊！果實隨風飛揚起來的畫面好美。

那你知道蒲公英的英文名字 Dandelion 是怎麼來的嗎？

不知道耶，可以告訴我嗎？

因為蒲公英的葉子邊緣形狀很像獅子的尖牙，這個英文名字來自法文 dent-de-lion，也就是獅子牙齒的意思喔！

真有趣！我也聽說蒲公英的花語是為遠方的好朋友祝福。

哇！感覺蒲公英是可以帶來幸福的植物呢！

我探索
Explore

蒲公英的果實，如何乘著風在空中飛行超過 1 公里？

蒲公英帶著花苞，漸漸開出了美麗的黃色小花，小花完成授粉就會慢慢地枯萎。果實在花托裡面孕育，一旦成熟後，花托就會打開，形成一個美麗的蒲公英絨球。

蒲公英是「風力傳播」的典型代表。果實最底端的褐色部分是種子，種子延伸出一條長喙，長喙上方有約 100 條毛茸茸、呈放射狀散開的白色冠毛。果實成熟後，冠毛展開成傘狀，當風一吹來，就飄到遠方去旅行。

遠遠看去，冠毛有如飛機的螺旋槳或降落傘。蒲公英白色冠毛上方的空氣，形成有如煙圈的低壓渦環用來抵抗重力，以延長蒲公英種子從空中落地的時間，就可以飛到更遠的地方了！

你知道蒲公英的果實為什麼要離開原本生長的環境嗎？因為如果全部的種子留在同一個地方發芽生長，資源有限就會彼此競爭。如果種子可以拓展生長的範圍，就有機會找到更適合生長的環境，繁衍出更多下一代喔！

當我們對著蒲公英的絨球吹氣，好多株蒲公英的果實隨著風慢慢飄向遠方，這樣的畫面，如果**抽象化為程式的語言**來描述，我們可以這麼說：**「當一陣風吹來，蒲公英的果實就會離開花托，隨著風飛翔。」**其中，「一陣風吹來」可以當做是事件的觸發，而花托上滿布的蒲公英果實，我們準備使用之前提到過的**「分身」**功能來創作，讓它可以動態的、依照指令完成任務。

程式分身的概念是角色複製了自己，因此【建立自己的分身】指令具備了物件導向程式(object-oriented programming)的**繼承性**。簡單來說，當我們創造出分身，在程式裡執行其他和事件觸發有關的程式時，除了角色本身以外，角色的分身也都會執行事件觸發程式之後的指令積木。我們透過下面這個簡單的程式來說明。

在這個程式中，我們建立 5 個分身，並且讓分身的外觀和角色本身不同，如此一來，比較容易區別分身和角色本身。

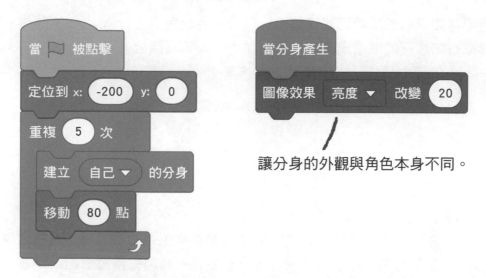

讓分身的外觀與角色本身不同。

按下綠旗執行程式，我們會在畫面上看到一共有 6 個小女孩出現。出現在舞台最右邊的是原本的角色，另外 5 個則是分身。

讓我們做一個實驗,在程式裡加入下面的指令積木。這個角色一共有 4 個造型,所以造型切換的隨機取數範圍可以設為 1 到 4。

試試看,當我們按下空白鍵之後,舞台上這個小女孩的造型是否會全都切換到一樣的造型呢?

從程式的執行結果來看,我們發現原本的角色和另外 5 個分身的造型不全然相同。這表示**程式中原本的角色和被創造出來的分身,會各自獨立執行同一個事件觸發程式,並不會跟隨或呈現出與原本角色相同的執行結果。**

NOTE

我創作
Create

　　接下來，我們將利用分身這樣的特徵，和阿蛙、雲寶一起用程式創作一株有白色可愛絨球的蒲公英，並讓果實飛翔起來！在這個程式專案，我們除了使用事件積木指令，也會應用程式的分身功能。你可以先操作一下完整作品，然後想一想，在這個程式專案裡，一共需要幾個角色？每個角色各自負責什麼任務呢？

蒲公英果實

背景

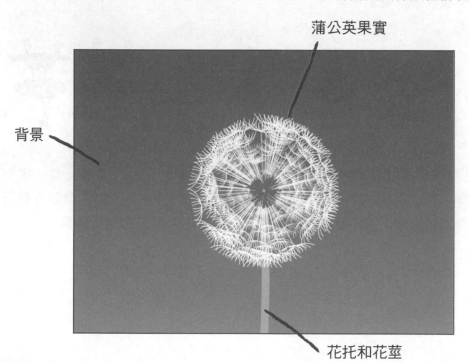

花托和花莖

完整作品
https://scratch.mit.edu/proj
ects/334251488/

程式範例
https://scratch.mit.edu/proj
ects/337021211/

開啟 Scratch，讓我們一起玩程式吧！

背景｜天空色的背景

點選背景，切換到點陣圖，使用油漆工具創作有漸層的藍天。

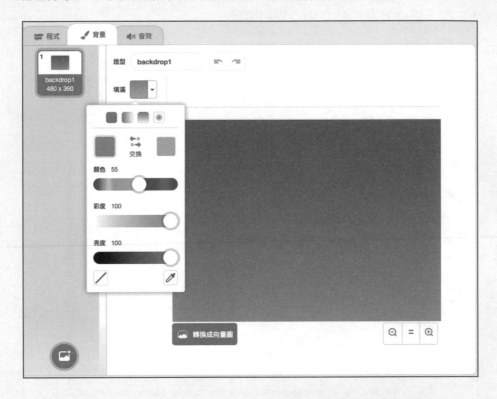

有漸層顏色的天空好美！

2 花托和花莖｜繪製蒲公英的花托和花莖

建立蒲公英的「花托和花莖」角色，切換到造型頁面，以向量圖工具繪製花托以及花莖，記得將花托放在中心點的位置。

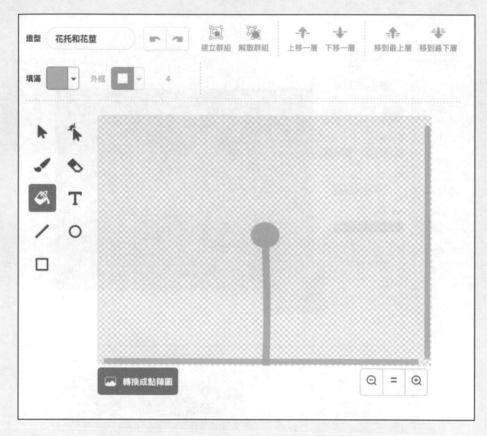

編寫程式，讓角色定位在舞台原點，也就是 (0, 0) 的位置。

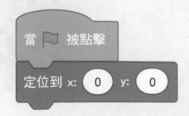

3 蒲公英│繪製蒲公英的果實

在這個程式專案，我們想要用程式模擬蒲公英果實隨風飛翔的樣子。第一個在腦中浮現的問題可能是：如何用程式繪製一株有著白色絨球的蒲公英呢？

仔細觀察，蒲公英的白色絨球約由 200～300 個果實所組成，每個果實的外觀特徵是一樣的，所以我們可以先創作一個蒲公英的果實，然後再思考要如何複製更多的蒲公英果實，並讓它們排列在花托上。

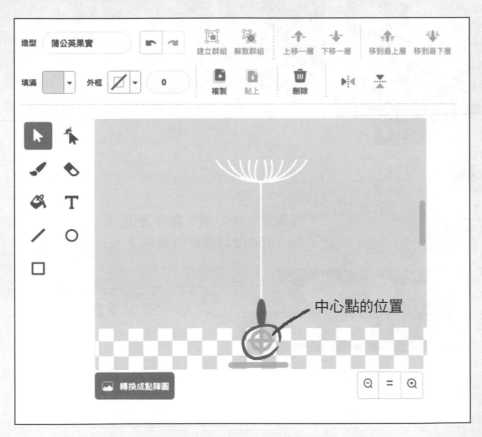

4 蒲公英│建立分身並排列在花托上

　　接下來，我們使用程式的「分身」功能，複製 250 個蒲公英的果實，並且排列在花托上。為了要創作一株有飽滿絨球的蒲公英，除了每一個果實的分身尺寸大小不同，還要讓它們面朝隨機的角度分布在花托上。

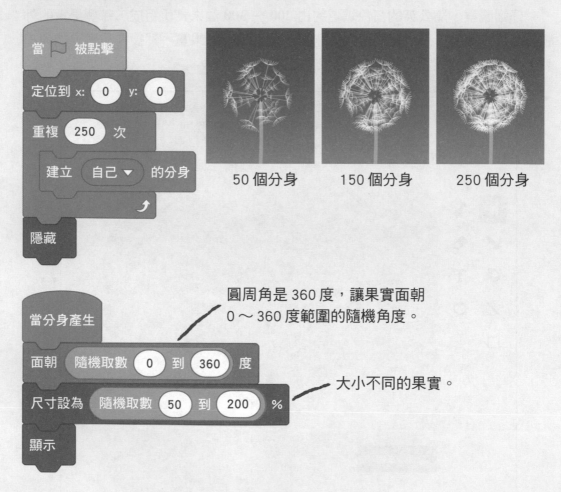

50 個分身　　　150 個分身　　　250 個分身

圓周角是 360 度，讓果實面朝 0 ～ 360 度範圍的隨機角度。

大小不同的果實。

5 背景│建立變數並廣播訊息

在上一個步驟，我們成功繪製了一株有著飽滿白色絨球的蒲公英，但要用什麼方法讓蒲公英的果實飛起來呢？可以利用事件觸發的方式來實現。在這裡，我們使用【當舞台被點擊】的事件積木指令，搭配【廣播訊息】，通知蒲公英的果實飛翔。

此外，新增一個變數，用來控制每一次點擊舞台後被吹走的蒲公英果實數量。這樣做是為了在事件觸發的指令上，加入一個可以控制的條件判斷，也就是要在「被吹走的蒲公英果實數量」變為 0 之後，才允許下一次的訊息廣播。

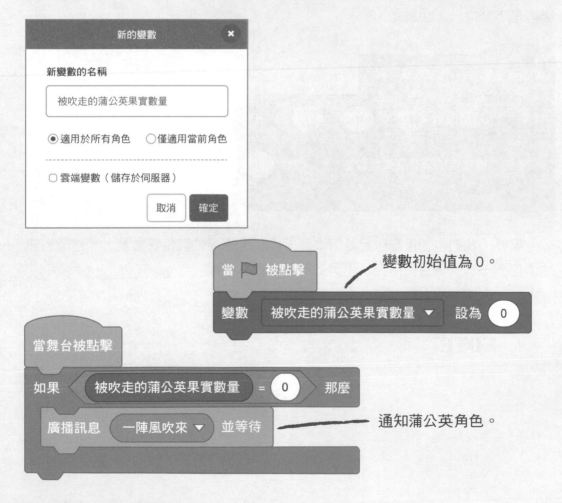

6　蒲公英｜當收到訊息時

　　當我們用滑鼠點擊舞台後，蒲公英會收到**「一陣風吹來」**的訊息，我們希望此時蒲公英的果實可以離開花托、隨風飛翔。

　　在現實情況中，我們對著蒲公英吹一口氣，並不是所有的果實都會飛走，因此我們可以在條件判斷式中，運用「機率」的方法，讓果實的分身決定在這一次接收到訊息的時候是否要飛走。舉例來說，當每個蒲公英果實的分身收到「一陣風吹來」的訊息，會先判斷此時「隨機取數 1 到 10」所得到的數值是否等於 1，然後再執行條件成立的指令動作；換句話說，每個蒲公英果實的分身被風吹走的機率是十分之一，也就是 10%。

　　另外，我們也使用變數記錄下準備「被吹走的蒲公英果實數量」。這個資訊除了在下一個步驟會使用到，也與上一個步驟有關係。

NOTE

7 蒲公英｜讓它隨風飛翔

　　接下來，我們就要讓蒲公英的果實離開花托飛走囉！在上一個步驟中的變數會先記錄下「被吹走的蒲公英果實數量」，然後蒲公英的果實分身會向畫面的左上角方向滑行。到達目的地後，這個變數的值會減少 1，再將分身刪除。當這一批蒲公英果實的分身全部都消失在畫面上，這個變數的值也將變成 0，此時用滑鼠點擊舞台才能夠讓下一批蒲公英果實的分身飛翔。

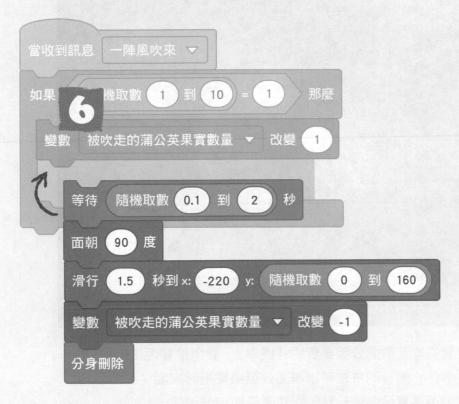

「蒲公英的旅行」的程式專案完成了！試試看，如果我們想要讓這個程式變得更有趣，你會想要加入什麼好玩的想法呢？

★ 如果想要改變被吹走的蒲公英果實的「機率」，要怎麼做呢？

★ 還有什麼「事件」觸發的方法可以讓蒲公英果實飛起來呢？

★ 如果想讓蒲公英果實飛得慢一點，程式應該如何修改？

★ 加入一個角色，並讓它左右來回移動，如果碰到蒲公英的莖，也會讓蒲公英果實飛起來。想想看，程式應該如何編寫呢？

頭腦體操來了，一起實驗更多的做法！

程式繪製的蒲公英好美！

欣賞蒲公英果實飛翔的
樣子，感覺好療癒喔！

程式扭蛋機

演算法 │ Algorithm

演算法指的是當你遇到問題時，所思考出來的一套具
體可行的解決步驟。在程式語言中，演算法可以重複
使用，用來解決類似的問題。像是 Google 的搜尋引
擎，就是使用搜尋演算法，將搜尋的結果排序。

NOTE

Scratch × 數學
11 雪花隨風飄

雪花的結晶是大自然美麗的藝術創作，世界上沒有兩片雪花會完全相同，
從天空落下的每一片雪花造型都是獨一無二的。

大梅，今天天氣好冷喔！

對呀！氣象預報說週末會有寒流來襲，氣溫可能不到 10 度！

哇！那我躲在家裡吃火鍋，吃完就躲進被窩裡睡覺好了。

小黑，別浪費時間賴在家裡睡覺啦！跟我一起上山賞雪吧！

噢！我沒有看過雪耶！那我們要去哪裡賞雪呢？

我們去合歡山吧！山上海拔高，只要遇到寒流，空氣中的水氣又充足，我們就有機會看到雪囉！

耶！好期待去看雪、玩雪喔！

保暖衣物記得也要準備好，不然你可能會凍成「雪熊」喔！

我探索
Explore

美麗的雪花是如何形成的？

微小的冰晶在雲朵內互相碰撞、黏合在一起後，形成豐富多樣的形狀，也就是雪花。雪花的形成是物質從液態轉變成固態的過程，叫做結晶作用。

世界上沒有兩片雪花是完全相同的。我們透過顯微鏡可以觀察到雪花錯綜複雜的構造大多都是六角形的，而雪花的中心一定呈現出對稱的六角形。雪花之所以有這樣的形狀，是因為要在平面上以最有效率的方式排列。結構中的分子們依照最低能量的狀態排列，使得彼此間的吸引力最大、排斥力最小。因此，雪花也是科學家在結晶學領域喜歡研究的對象之一。

雪花有很多不同的樣貌。產生這些差異的原因在於雪花是在大氣中生成，而大氣的狀況複雜多變。一片雪花結晶可能以某種方式生成，但是因為環境的溫度或溼度改變而造成不同的變化喔！

延伸活動
影片：雪花的科學
https://youtu.be/FwGH4guILX4

我們可以在聖誕節卡片或是動畫影片中看到雪花呈現六角形的對稱圖形。如果我們想要嘗試自己繪製一片美麗的雪花，可以從認識圓周、半徑和圓心角的關係開始。

圓心角指的是頂點在圓心上的角，因為頂點在圓心上，所以角的兩邊就是圓的半徑。

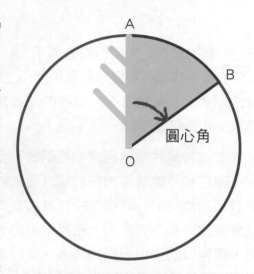

我們在繪製雪花的時候，可以把雪花結晶的其中一隻手臂「當作圓中的一個半徑」，轉動指定的圓心角，並且計算重複的次數，使其旋轉一周（周角，360 度），回到原來的出發位置。

因為雪花是六角對稱的冰晶，所以在一個圓上，雪花的結晶手臂彼此間構成的圓心角是 60 度。

我們可以將觀察到雪花結構的規律性，應用圓心角，試著用程式的迴圈描繪出來。把雪花的其中一隻結晶手臂當作角色，控制這個角色每轉動 60 度後，就建立一次結晶手臂的分身（或是蓋章），重複 6 次上面描述的動作後，就可以繪製出一片美麗的雪花囉！

我創作 Create

　　接下來，讓我們和小黑、大梅一起用程式創作美麗的雪花吧！在這個程式專案，我們使用迴圈以及蓋章的方法，繪製六角形、不同顏色的雪花冰晶，也利用分身，讓天空緩緩地下起雪來。你可以先操作完整的程式，然後想一想，在這個程式專案裡，一共會需要幾個角色呢？每個角色各自負責什麼任務呢？

下雪了

背景

雪花結晶

完整作品
https://scratch.mit.edu/proj
ects/349809124/

程式範例
https://scratch.mit.edu/proj
ects/349867436/

開啟 Scratch，讓我們一起玩程式吧！

雪花｜繪製雪花的結晶手臂

使用向量圖的線條工具，繪製雪花結晶結構的一隻手臂。記得將手臂的底部放置在中心點的位置

觀察不同的雪花結晶，選擇一個
自己喜歡的造型來繪製！

2 雪花｜選擇畫筆指令積木

按下主畫面左下角的「添加擴展」選單，選取「畫筆」類別的指令積木。

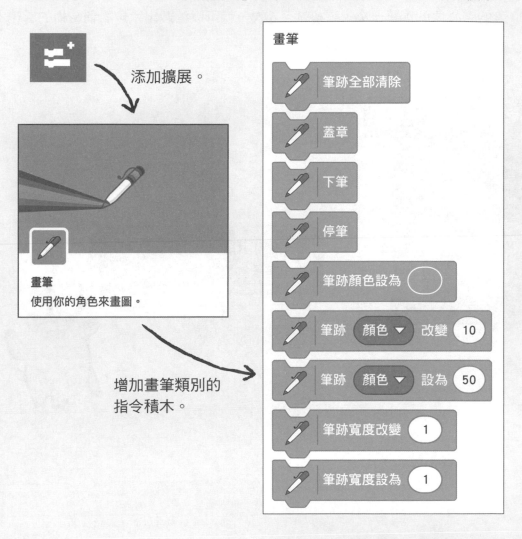

添加擴展。

畫筆
使用你的角色來畫圖。

增加畫筆類別的
指令積木。

3 雪花｜用蓋章的功能繪製一片雪花

　　將雪花角色放在中心點的位置，利用迴圈及畫筆工具的蓋章功能，每次轉動 60 度的圓心角就蓋章一次，重複執行 6 次，就可以繪製出六角對稱結構的雪花。

好美喔！用簡單的程式就可以畫出美麗的雪花！

NOTE

4 雪花｜在畫面上隨機分布

接下來，改編上一個步驟的指令積木，在畫面上連續不斷、隨機地印製尺寸大小不同的雪花。在這個步驟，我們應用了〈單元 7 設計一件 T-Shirt〉的巢狀迴圈的方法。

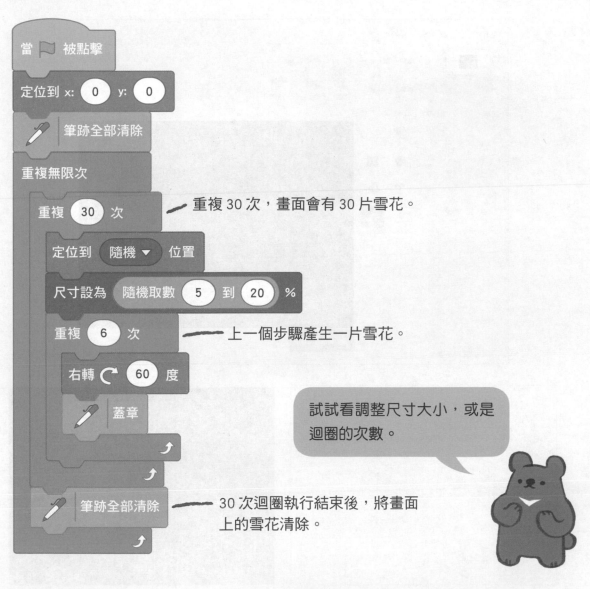

當 ▷ 被點擊

定位到 x: 0 y: 0

筆跡全部清除

重複無限次

　重複 30 次 —— 重複 30 次，畫面會有 30 片雪花。

　　定位到 隨機 ▼ 位置

　　尺寸設為 隨機取數 5 到 20 %

　　重複 6 次 —— 上一個步驟產生一片雪花。

　　　右轉 ↻ 60 度

　　　蓋章

　筆跡全部清除 —— 30 次迴圈執行結束後，將畫面上的雪花清除。

> 試試看調整尺寸大小，或是迴圈的次數。

5 背景｜選擇夜空的背景

點選背景，從背景的圖庫，選擇「Stars」做為背景。或是使用油漆工具，倒下黑色的油漆創作夜空。如此一來，上個步驟在畫面上印製的雪花圖案就會變得更清楚喔！

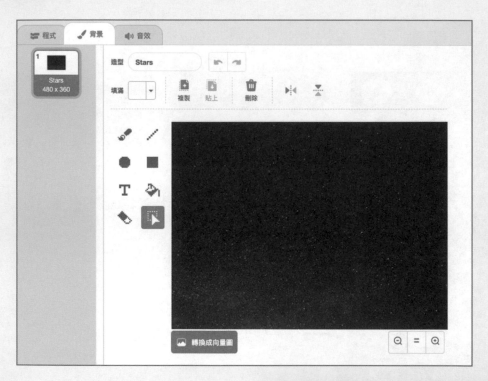

白色背景印製的雪花

黑色背景印製的雪花

6 下雪了｜建立新的角色並建立分身

接下來，我們要創作一片白茫茫的雪景讓天空緩緩落下雪。建立一個新的角色，在造型頁面，繪製白色的圓形當作雪花。

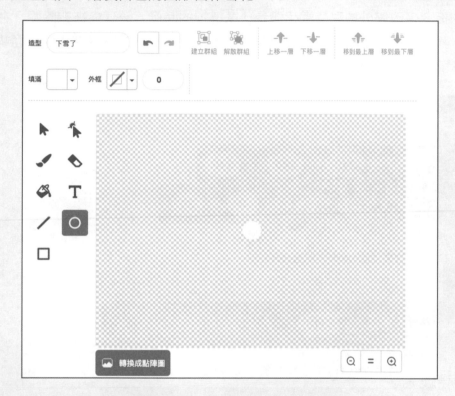

然後，在重複無限次迴圈裡，加上【建立自己的分身】指令積木。

呼叫「分身三兄弟」出來吧！

7 下雪了│讓雪花從天空落下

　　當雪花的分身產生時，有幾件事要先想一想：雪花是從天空落下的，一開始的定位點應該如何設置呢？每一片雪花的大小、外觀可能不太一樣，可以利用什麼積木指令來改變外觀呢？雪花遇到什麼情況的時候，分身會被刪除呢？在這個步驟，我們使用【重複直到～】的條件判斷迴圈，讓雪花還沒有碰到地面或是碰到邊緣前，可以緩緩落下。

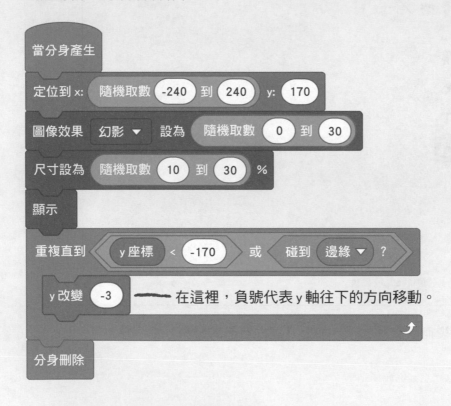

在這裡，負號代表 y 軸往下的方向移動。

8　下雪了｜加上水平的隨機移動量

按下舞台畫面的綠旗執行程式，我們可以看到白色的雪花從天而降，但是落下來的樣子看起來有點單調。真正的雪花在移動的時候，會因為周圍空氣的流動，不只朝單一方向落下。

選取「僅適用當前角色」，讓每一個分身可以使用自己的變數。

我們在〈單元 10 蒲公英的旅行〉提到了分身具備「物件導向程式繼承」的特徵，也就是說，分身可以承接並保有主人角色所設置的變數或是程式的指令，但我們仍可以制定屬於分身自己的變數或程式指令。

我們可以**建立一個「區域變數」，意思是讓每個分身都擁有自己的變數值**，在下個步驟，這個變數會使用來控制雪花分身水平方向的移動量。

NOTE

9　下雪了｜加上水平的隨機移動量

接下來，在步驟 7 的程式區塊加上變數的初始值，設定雪花分身落下時的水平移動量，之後在【重複直到～】的條件判斷迴圈裡加上【x 改變】的指令積木。再重新執行一次程式，因為每一片雪花分身的移動是利用自己的變數來控制的，所以我們可以看到每一片雪花的飄落變得更加隨機，也更為逼真喔！

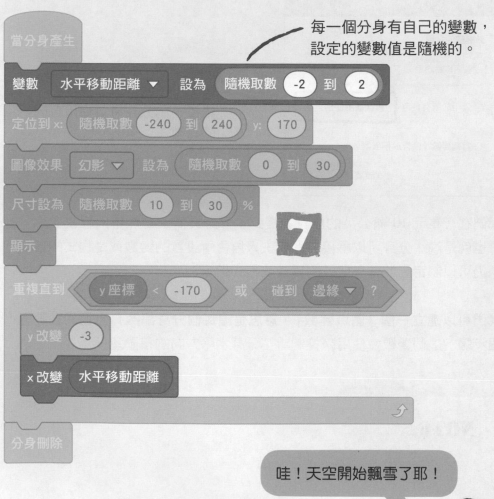

每一個分身有自己的變數，
設定的變數值是隨機的。

哇！天空開始飄雪了耶！

我思考
Think

「雪花隨風飄」的程式專案完成了！試試看，如果我們想讓這個程式動畫變得更有趣，你會想要加入什麼好玩的想法呢？

★ 如果想要增加幾個新的雪花結晶造型，在印製的時候可以隨機挑選，程式應該如何編寫呢？

★ 如何利用「巢狀迴圈」規則地排列、印製雪花結晶造型在畫面上？

★ 想要讓雪花落下的速度變得更慢或更快，程式應該如何修改呢？

★ 加入背景音樂（比方說聖誕歌曲），讓這個作品變得更有氣氛吧！

頭腦體操來了，一起
實驗更多的做法！

我們也可以應用同樣的方法來
繪製美麗的花朵唷！

一起來試試看吧！

程式扭蛋機

除錯｜Debug

剛完成的程式如果第一次執行就可以成功，一定感覺
很開心。但是大多數的程式執行後，常會發生一些我
們預料不到的情形，一般把這種「預期外」的問題叫
做 "bug"（錯誤、缺陷、漏洞）。而找出錯誤並進行
修正的動作就叫做「除錯」或是「抓蟲」。

臺灣梅花鹿
Cervus nippon taiouanus

圖源：維基百科（作者：Robek）

國立臺灣師範大學生命科學系　林思民教授／文

　　講到草食性的偶蹄目動物，一般人最熟悉的不外乎就是牛、羊、鹿這幾大類群。事實上牛和羊都屬於牛科動物，通常公母都有角，角中空，終生成長。而鹿則屬於鹿科動物，通常只有雄鹿有角，每年脫落之後重新生長。臺灣總共有三種原生的鹿科動物，從體型大小來看，依序是大型的水鹿、中大型的梅花鹿，以及小型的山羌。其中梅花鹿的體長約 150 公分，毛色為棕紅色，背上有白色的梅花狀斑點，因而得名。梅花鹿目前廣泛分布於東亞地區，有非常多的亞種，而臺灣的族群目前在分類上定位為臺灣特有的亞種。

　　就如同其他會反芻的偶蹄類，鹿也是植食性的動物。由於植物的纖維素必須經過微生物的發酵，才可供動物吸收利用，因此這類反芻動物有四個胃。隨著不同的消化階段，先前吞入的半消化食草，會在鹿隻休息的時候回到口腔再次進行咀嚼，而後再依序回到不同的胃中進行分解。這就是反芻動物會在休息時間不斷咀嚼的原因。

　　在過去的歷史之中，梅花鹿曾是分布最廣泛、族群也最具有優勢的平原物種。根據史料的推測，在荷蘭治臺時期，臺灣每年可輸出 20 萬張鹿皮；而臺灣本地也有諸多提及「鹿」的古地名。但是由於人類大量獵捕，梅花鹿的族群數量在清朝時期即已逐漸減少，而在二次世界大戰之後更明顯萎縮。野外可信的最後一隻梅花鹿大約在 1969 年為獵人所捕殺，野生的臺灣梅花鹿宣告絕種。

　　墾丁國家公園成立之後，隨即對尚在民間畜養的梅花鹿進行保種，並逐步在墾丁社頂地區進行復育野放。目前在墾丁國家公園已經建立穩定的野生梅花鹿族群；然而過多的鹿隻，反而在近年造成高位珊瑚礁熱帶林的過度啃食，影響到當地森林的自然更新。重新引入棲地的梅花鹿如何與人類和環境共存？人類又如何在自然環境有限的狀況下，控制這些動物的族群？這仍有待科學家集思廣益，以進行有效的保育經營管理。

Scratch × 音樂

12
一閃一閃亮晶晶

望著美麗的星空，每一顆閃爍的星星，像是許多小眼睛對我們眨呀眨。
讓我們一邊創作奇幻的星空，一邊讓程式唱〈小星星〉。

阿蛙，上個週末你去哪裡玩呀？

我們全家一起去露營囉！

聽起來好讚！露營好玩嗎？

很好玩！天氣也很好，晚上可以看到滿天的星星喔！

因為山上沒有光害，天上的星星才會特別閃亮、清楚。

對呀，我們躺在草地上看星星，還看到幾顆流星劃過天空喔！

那你有對流星許願嗎？

有啊！我希望下次椒椒可以陪我一起看星星♥

我探索
Explore

許多人在呀呀學語階段哼唱的第一首歌曲應該是〈小星星〉吧！簡單的旋律讓人聽一次便琅琅上口，也讓這首曲子成了最受歡迎的童謠。〈小星星〉原來的曲名是〈啊！媽媽請你聽我說〉，這是一首古老的歐洲民謠，在世界上流傳著很多不同語言版本的歌名及歌詞，其中有個英文版本，將這首旋律填入了珍·泰勒的詩 *The Star*，裡頭有一句「滿天都是小星星」，於是大家習慣以「小星星」稱呼這首曲子。

音樂神童莫札特 1781 年在維也納聽到這首民謠歌曲之後，巧手一揮，加入音樂的各種想像，將豐富的變奏技法融入這首歌謠，變幻出 12 段各自精采的變奏曲。從此之後，這首童謠也搖身一變，成為鋼琴音樂中最經典，也最富有童趣的一首變奏曲。

「變奏曲」是以一個簡單的主題旋律，運用不同的作曲技巧，並且融入豐富想像力變化而成的音樂類型。例如：變化節奏、曲調、和聲、拍子、速度、調性等等。變奏的次數不定，可多達數十次，但是不論如何變化，都會源自原來的主題曲調。

延伸活動
影片：小星星變奏曲
https://youtu.be/07NuVQpt7vM

　　試著哼唱〈小星星〉吧！在這樣簡單的歌曲旋律裡，事實上包含了許多複雜的資訊，比方說：速度、節奏、音階、和弦等多樣要素。閱讀看看〈小星星〉的樂譜，你發現了嗎？其中有些段落的旋律會重複出現。

　　如果我們將重複的旋律進行分類，會發現：第一行的第一、二小節和第三行的第一、二小節相同；第一行的第三、四小節和第三行的第三、四小節相同；第二行的第一、二小節和第二行的第三、四小節相同。

　　我們可以將重複的旋律段落分別標註為 A、B、C，所以要哼唱或是演奏這首樂曲的順序是：A-B-C-C-A-B。

　　另外，我們從五線譜裡可以得到音階以及節拍的資訊，如果要將這些資訊轉化為程式的指令，回想一下在〈單元 2 來玩小木琴〉對音階和節拍的設定，我們可以使用【演奏音階】的指令積木，建立每個段落的旋律，比方說，演奏「旋律 A」的指令：

　　但是，樂譜中還有其它段落的旋律，想要演奏完整的樂曲就要繼續添加更多的指令。這個時候，**我們可以將經常被使用到的指令群**（在這個例子指的是旋律 A、B、C）**製作為「函式積木」，如此一來，每次需要使用的時候就可以呼叫它們出來執行任務，也可以讓程式變得更簡潔易讀哦！**

　　在之前的活動，我們所創作的程式都是依照指令的順序，一步接著一步來執行的。在這裡使用的「函式」很廣泛地應用在程式的編寫。函式是一段可以拆開來描述，並且讓主程式呼叫、使用的程式區塊。比方說，如果我們需要在不同的時機做同一件事，只要利用函式「可以重複使用」的特性，那麼在編寫程式的時候，就不用不斷地複製、貼上相同的程式指令了。

接下來，讓我們和椒椒、阿蛙一起用程式創作〈小星星〉吧！在這個程式專案中，我們將自己創建指令積木，也就是使用「函式」的指令積木，建立不同段落的旋律，最後再依照順序呼叫不同的函式，也就是樂曲不同的旋律，讓電腦為我們演奏〈小星星〉。

背景

閃爍的星星

完整作品
https://scratch.mit.edu/proj
ects/364088555/

程式範例
https://scratch.mit.edu/proj
ects/349771102/

開啟 Scratch，讓我們一起玩程式吧！

背景｜選擇夜空背景

點選背景，從背景的圖庫，選擇「Stars」做為背景。

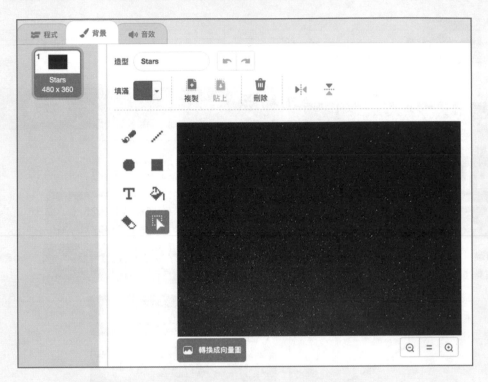

也可以使用繪圖工具，倒下黑色的油漆創作夜空。

2 背景｜添加音樂指令積木

按下主畫面左下角的「添加擴展」選單，選取「音樂」類別的指令積木。

添加擴展。

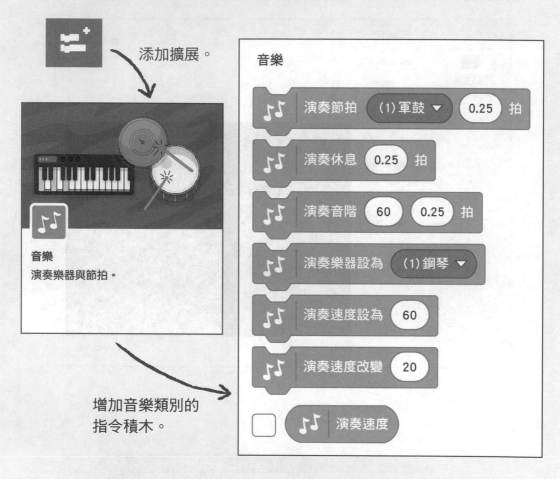

增加音樂類別的
指令積木。

NOTE

3 背景 | 建立函式積木 A

在這個程式專案，我們將使用**函式積木**搭配音樂指令積木為每一段旋律譜曲。簡單地說，函式積木讓我們能夠建立自己想要的指令功能，在程式需要使用的時機，再拿出來使用。

從積木類別點選「函式」，建立一個名字為 A 的函式積木，並且為這個函式積木添加輸入方塊，也就是加入一個名為「節拍速度」的變數，之後我們想要利用這個變數來變化演奏的速度。

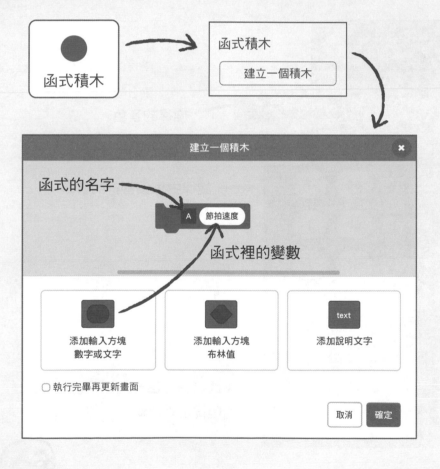

4　背景｜為函式積木 A 編寫旋律

接下來，在程式編輯的頁面，會看到函式積木 A 的定義方塊。我們使用音樂類別的指令積木，對照〈小星星〉第一行的第一小節和第二小節的旋律，編寫不同的音階、節拍指令。我們在這個函式的一開始，選擇自己喜歡演奏的樂器，在這個範例裡，我們選擇馬林巴琴。另外，演奏的速度預設為 60，也就是以每分鐘 60 拍 (60 BPM; Beats Per Minute) 的速度來演奏。試著用滑鼠點擊這個函式積木，並且變化演奏的樂器和演奏的速度，聽聽看旋律的音色和節奏有沒有什麼不同？

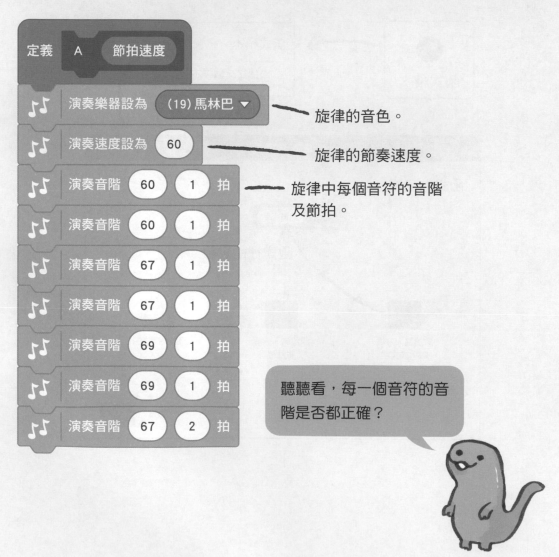

定義　A　節拍速度

演奏樂器設為　(19)馬林巴 ▼　—— 旋律的音色。

演奏速度設為　60　—— 旋律的節奏速度。

演奏音階　60　1　拍　—— 旋律中每個音符的音階及節拍。

演奏音階　60　1　拍

演奏音階　67　1　拍

演奏音階　67　1　拍

演奏音階　69　1　拍

演奏音階　69　1　拍

演奏音階　67　2　拍

聽聽看，每一個音符的音階是否都正確？

5 背景｜使用主程式來呼叫函式

在上一個步驟，我們利用函式積木建立了〈小星星〉樂曲一開始的兩小節旋律。在程式中，我們按下舞台上方的綠旗，這個函式積木並不會執行指令來演奏，這是因為函式積木必須透過事件積木才能夠被呼叫、執行。接下來，我們使用【當綠旗被點擊】的事件積木，在它後面連接編寫好的函式積木 A。

你會發現函式積木 A 的名字之後，有一個空白的輸入欄位，這是我們在步驟 3 建立的「節拍速度」的變數。為了讓這個變數在函式裡可以被使用到，我們需要把函式積木定義區塊的「節拍速度」變數，拖曳到【演奏速度設為～】的積木指令裡。接著，在【當綠旗被點擊】呼叫的函式積木中填入想要的演奏速度數值，如此一來，這個數字就會被帶入這個函式積木裡執行了。

置入變數。

填上演奏的速度。

背景｜建立函式積木 B 及 C 並編寫旋律

重複步驟 3 ～ 5，建立〈小星星〉樂曲中另外 4 個小節的旋律 B 及 C。

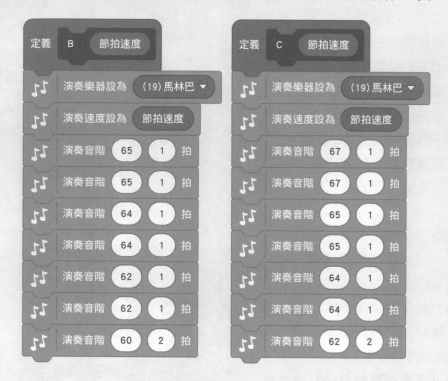

 背景｜組成完整的旋律

完成了函式 A、B、C 之後，移至【當綠旗被點擊】的主程式，按照樂譜的旋律順序，加入相符的函式積木。執行舞台畫面上的綠旗，我們就可以讓電腦來演奏〈小星星〉的樂曲囉！

喔耶！一起來聽看看程式演奏的〈小星星〉！

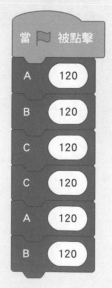

8 星星 | 建立星星角色

接下來，我們想要在滑鼠點擊螢幕畫面的時候，出現大小不同的星星在夜空中閃爍。首先，從圖庫裡選擇星星做為角色，也可以自己用繪圖工具繪製星星。返回程式編輯區，讓星星角色隱藏。

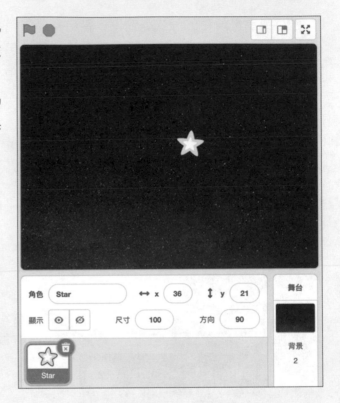

9 背景 | 建立星星的分身

點選背景編輯程式，讓滑鼠點擊舞台任一位置時，建立星星角色的分身。

除了角色本身可以建立分身外，我們也可以透過背景或是其它的角色，建立特定角色的分身。

滑鼠好像魔法棒，可以在夜空變出星星！

10 星星 | 當星星的分身產生時

　　回到星星角色的程式編輯區，當分身產生時，使用【定位到鼠標位置】的指令，讓夜空中的星星出現在滑鼠點擊的位置。另外，利用迴圈還有外觀積木的圖像效果，讓星星可以連續不斷地閃爍、變換顏色。

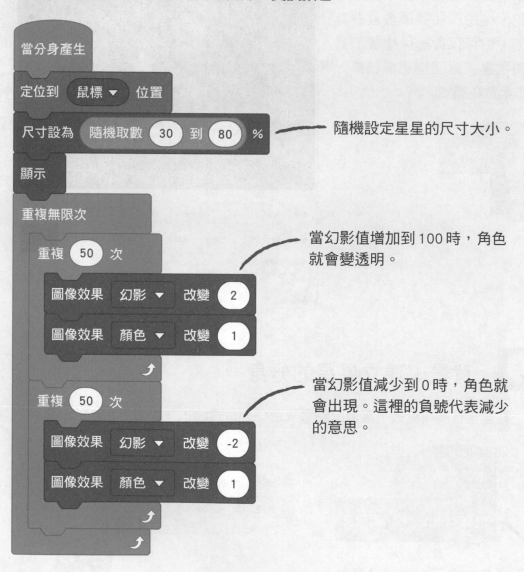

隨機設定星星的尺寸大小。

當幻影值增加到 100 時，角色就會變透明。

當幻影值減少到 0 時，角色就會出現。這裡的負號代表減少的意思。

「一閃一閃亮晶晶」的程式專案完成了！我們一邊在夜空用滑鼠創造出滿天星星，一邊聽著程式演奏的〈小星星〉，是不是很好玩呢？如果我們想要讓這個程式變得更有趣，你有沒有什麼好玩的想法呢？

★ 如果想要讓每一段旋律的演奏樂器可以隨機選擇，應該怎麼做？
★ 想要加入鼓聲打擊的節奏作為和聲，程式應該如何編寫呢？
★ 在程式中以兩個聲部的「和音」來演奏，應該怎麼做呢？
★ 讓星星閃爍一段時間後，像流星一樣墜落、消失，程式應該如何改編呢？

頭腦體操來了，一起實驗更多的做法！

我想編寫程式來演奏搖滾版的〈小星星〉！

好主意！試試看加入不同的樂器，合成新的節奏和旋律！

程式扭蛋機

函式｜Function

函式也可以稱為副程式，是一個獨立的程式碼區塊。我們可以將經常被使用到的指令群製作為函式，如此一來，每次需要使用的時候就可以呼叫它們出來執行任務，也可以讓程式變得更簡潔易讀喔！

臺灣山椒魚

Hynobius formosanus

圖源：維基百科（作者：Evan Pickett）ⓒ

國立臺灣師範大學生命科學系　林思民教授／文

　　「山椒魚」其實並不是魚，而是有尾類的兩棲動物，算是廣義所稱「蠑螈」這個大家族的成員。雖然在許多溫帶地區的森林下層與池沼環境，蠑螈算是相當普遍的生物；但是在亞熱帶的臺灣，蠑螈卻是高山才能發現的隱密與罕見物種，導致大部分的民眾對蠑螈停留在非常陌生而模糊的概念。因為長有長長的尾巴和四條腿，很多國人甚至會把蠑螈跟蜥蜴搞混呢！至於為什麼稱為「山椒魚」？這三個字可能起源自日文中指稱蠑螈所使用的漢字。大部分的蠑螈都會分泌一些帶有氣味的黏液，做為化學防禦的警示武器。「山椒」一詞，指的或許就是這類讓掠食者知難而退的特殊味道。在分類上較正式的名字稱牠們為「小鯢」，這個名稱應該比較不會造成混淆。

　　很多人可能老是把「臺灣山椒魚」和「臺灣的山椒魚」搞混。但是實際上「臺灣山椒魚」只是臺灣五種山椒魚中之一，另外四種分別是楚南氏山椒魚、阿里山山椒魚、南湖山椒魚和觀霧山椒魚。目前這五個物種全部都是臺灣特有種，也都是保育類野生動物。其中除了阿里山山椒魚的數量相對較多，其餘四種的族群數量都較為罕見。五種山椒魚都分布在臺灣的高山地區，其中觀霧山椒魚的分布海拔最低，可降至 1200 公尺左右；而南湖山椒魚的海拔最高，可達南湖圈谷。臺灣山椒魚的分布海拔居中，大約介於 2000～3000 公尺之間。

　　與其他四種山椒魚類似，臺灣山椒魚也是行蹤隱匿的生物，通常出現在高山環境溼潤的水源地或附近的森林下層。牠們的動作緩慢，以小型的無脊椎動物為主食。推測是在冬天繁殖，產下的卵數非常少，可能有親代照顧的行為。卵孵化之後，牠們會歷經一段水生的幼體時期，之後才登上陸地達到成熟。但由於臺灣的各種山椒魚數量少，棲地又位於高冷險峻的山區，因此山椒魚的研究非常不容易進行，我們對牠們的生活史所知極為有限。

　　就如同櫻花鉤吻鮭，在科普書籍之中，經常有人提到山椒魚是「冰河子遺」的生物，甚至有人稱之為「活化石」的物種。但是這兩個名詞在生物學上都有相當的爭議，不建議這樣稱呼。在漫長的地質歷史之中，地球歷經反覆的大規模氣候變遷，所有的物種在演化的過程中，難免都會受到冰河與氣候變遷的影響；冰河並不僅僅影響山椒魚的分布，也影響到所有中高海拔的物種。因此，所謂的「冰河子遺」，並不是一個適當的科學用語。此外，「活化石」通常指稱一個物種的外部形態特徵與遠古的祖先沒有太大的差異，這個定義在山椒魚身上也完全不適用。知道這樣的情形之後，以後就別再說山椒魚是冰河子遺的活化石了喔！

Scratch × 語文
13　說一個小故事

今天在家裡、在學校發生了什麼有趣又好玩的事，迫不及待想要和大家分享？故事除了用「說」的、或是「寫下來」讓別人知道，還可以用程式來創作喔！現在，就讓你的故事對話動起來吧！

大梅，我昨天看見一個爸爸帶他的
小朋友來到溪邊露營。

接觸大自然很好啊，後來呢？

爸爸用手捧起溪邊清澈的水，
準備要喝下去。

他喝了嗎？

有啊！爸爸咕嚕咕嚕喝下去，
你猜他的小朋友說什麼？

小朋友說，我也要喝？

不是。小朋友說，爸比！好喝嗎？
水裡面有加珍珠耶！

OMG! 難道他吞了蝌蚪？？？

……希望那個爸爸不要把
阿蛙的朋友吞下肚！

我探索
Explore

對話是溝通彼此的觀念和想法的工具，人與人之間透過對話，讓對方知道自己想要表達的事情。想一想，我們在日常生活中除了面對面說話，在什麼地方也可以發現對話呢？比方說，圖畫書、小說、漫畫的閱讀，或是動畫、電影角色的對話……還有呢？

如果和朋友相隔兩地，不能進行面對面的對話或聊天，我們會怎麼做？或許可以打電話、寫 e-mail、傳手機訊息，甚至是進行視訊等等。

讓我們和朋友或家人兩人一組，進行 5 分鐘的「對話」練習，話題可以是「我最喜歡的動物」、「最討厭的食物」、「如果我有一個祕密基地」、「做了一個奇怪的夢」……。

你覺得對話練習的過程順利嗎？有遇到卡住的地方嗎？有發生停頓很久或搶話的情況嗎？對話需要有順序嗎？發生什麼好玩的事呢？

延伸活動・教材
● 繪本：《要不要出去玩》
（ISBN: 9789861893280）
● 桌遊：故事骰子
（練習故事接力）

© Sergey Galyonkin

準備好「說一個小故事」的學習單（請參考第 237 頁的附錄）。

我們在這個學習單的活動中，想要練習兩個角色彼此間的對話，並且記錄下對話的順序。首先，創造兩個角色（真實的或是虛構的都可以），然後**自由發想這兩個角色的對話內容**。

對話內容可以是生活中與家人的聊天、在學校與同學的對話、自己之前聽到的小笑話，或是自己創作的小故事等等。

你發現了嗎？**兩個人的對話和投接球的動作很相似：當我把球投出去，你接到了，再把球投給我。依照順序，重複投接球的動作。**

學習單完成後，如果是在班上，可以和其他同學交換學習單，彼此分享創作的小故事。如果看到錯別字，或是覺得唸起來怪怪的地方，也可以互相提醒、協助更正，或是進行字句的修改，讓作品閱讀起來變得更通順、更完整。

把好朋友彼此聊天分享的內容，或是聽到的小笑話寫下來吧！

接下來的程式活動，我們就將「傳手機訊息」的對話方法做為程式創作的發想，結合「說一個故事」的學習單，把紙上對話的內容，以模擬打字動畫的方式來呈現。

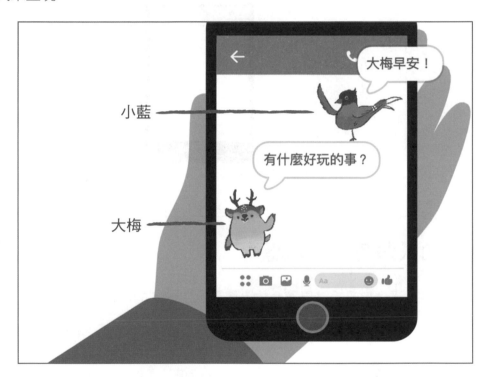

完整作品
https://scratch.mit.edu/projects/364570526/

程式範例
https://scratch.mit.edu/projects/364564930/

開啟 Scratch，讓我們一起玩程式吧！

1　設計背景畫面｜手機

打開程式的範例，或是使用繪圖工具，創作一個手機的背景圖。

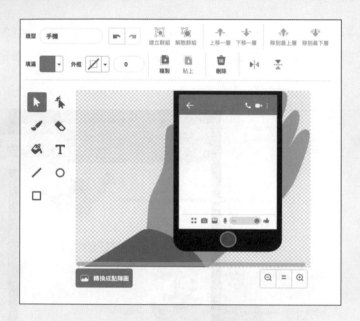

2　加入角色 A｜小藍

你也可以自己挑選或設計更適合故事學習單中設定的角色。

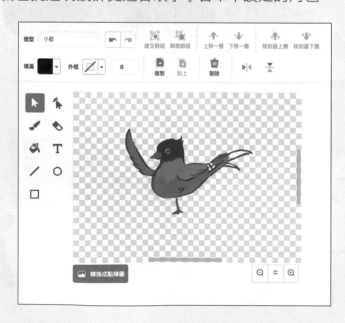

3 小藍│打字處理

建立一個【打字機】的函式積木，並且在函式中添加變數「輸入的文字」。這個函式積木的主要功能是讓小藍傳送的訊息像打字機一樣，一個字、一個字出現在對話泡泡中。在這裡，我們使用了運算積木中的「字串組合」功能以及變數，讓輸入的文字可以按照順序連接、出現。

我們將個別字元（包括標點符號或是數字）所組成的文字稱為「字串」，字串的排列是由左到右，舉例來說，如果輸入「大梅你好嗎？」這串文字，那麼第一個字元是「大」，第六個字元則是「？」。在【打字機】函式中，利用迴圈的方式，依序將輸入文字的各個字元依照順序，由左而右連接起來，就可以呈現出打字的效果囉！

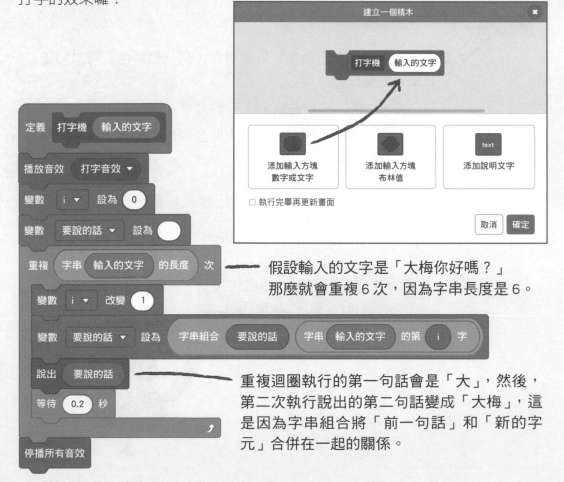

假設輸入的文字是「大梅你好嗎？」那麼就會重複 6 次，因為字串長度是 6。

重複迴圈執行的第一句話會是「大」，然後，第二次執行說出的第二句話變成「大梅」，這是因為字串組合將「前一句話」和「新的字元」合併在一起的關係。

小藍｜從函式傳入對話

　　設定小藍在手機畫面的位置後，在【打字機】函式的空白處填入學習單中角色 A 的第一句對話。接著，廣播訊息「1」（想像成丟出 1 號球）給另一個角色接收。

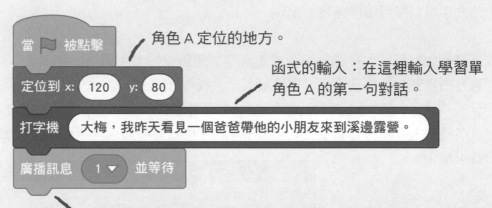

角色 A 定位的地方。

函式的輸入：在這裡輸入學習單角色 A 的第一句對話。

訊息的名字可以自己命名，只要對方（另一個角色）可以知道並且接收到就好。

【廣播訊息 ＿＿＿ 並等待】
必須等到對方接收到同樣的訊息，並且完成動作後，廣播訊息的角色才會執行接下來的動作。

按下綠旗執行程式，訊息伴隨打字機的音效聲逐字出現了！

5 加入角色 B │ 大梅

在這個步驟，你也可以自己挑選或設計更適合故事學習單中設定的角色喔！

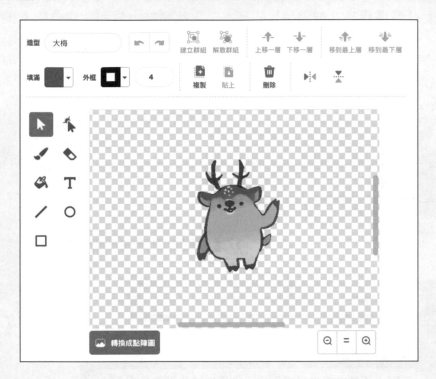

6 大梅│初始化、當接收到訊息

上個步驟由小藍先廣播訊息（丟出 1 號球），大梅收到訊息（接到 1 號球）後，才開始執行接下來的程式指令。

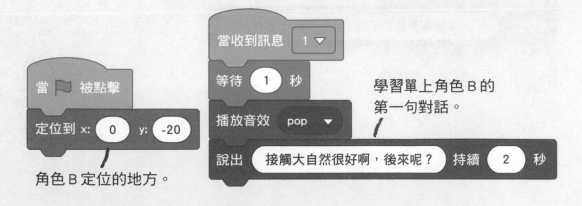

7　小藍｜完成其它的對話

從學習單將角色 A（小藍）說的第二句話，輸入到【打字機】的函式積木中，並且加上【廣播訊息 2 並等待】的積木；以此類推，直到完成角色 A 的所有對話內容。

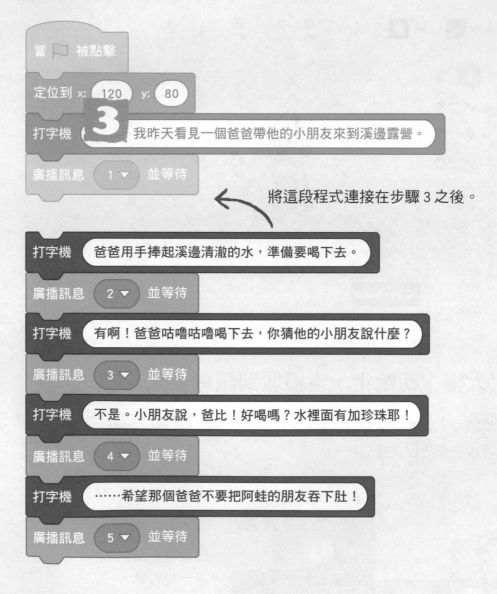

將這段程式連接在步驟 3 之後。

8 大梅│完成其它的對話

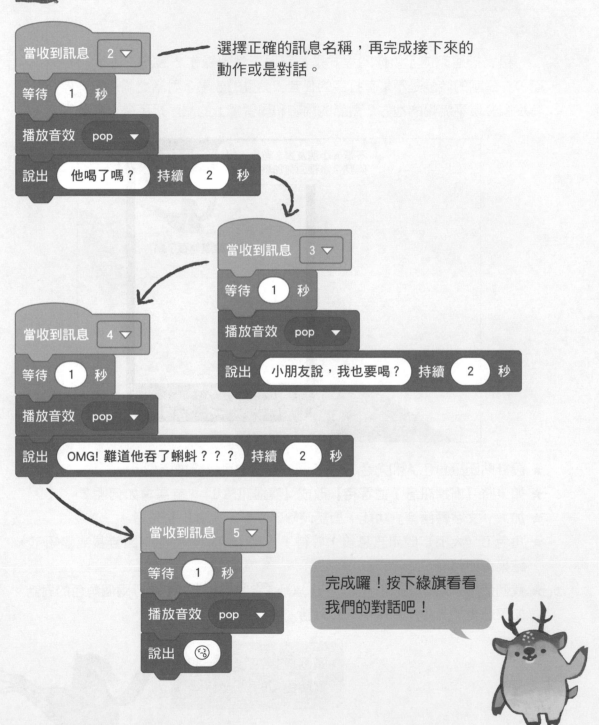

選擇正確的訊息名稱,再完成接下來的動作或是對話。

當收到訊息 2 ▼
等待 1 秒
播放音效 pop ▼
說出 他喝了嗎? 持續 2 秒

當收到訊息 3 ▼
等待 1 秒
播放音效 pop ▼
說出 小朋友說,我也要喝? 持續 2 秒

當收到訊息 4 ▼
等待 1 秒
播放音效 pop ▼
說出 OMG! 難道他吞了蝌蚪??? 持續 2 秒

當收到訊息 5 ▼
等待 1 秒
播放音效 pop ▼
說出 😊

完成囉!按下綠旗看看我們的對話吧!

我思考
Think

　　程式搭建完成了！你的程式是否可以正常地操作？觀察一下，角色 A（小藍）在說話的時候是不是有打字的聲音和動畫的效果？對話之間是否有停頓點？有沒有發現不流暢的地方？對話的內容和學習單上的順序是不是一樣的呢？

★ 設計貼圖讓角色 A 和角色 B 在不同的對話中可以變換造型。

★ 如果將【廣播訊息 1 並等待】改成【廣播訊息 1】，結果會如何呢？

★ 加入「**文字轉語音**」功能，對話時除了文字，還會出現聲音。

★ 角色 B（大梅）收到訊息後，等待了 1 秒。如果等待的時間變長或變短了，結果會如何呢？

★ 我們使用了【**廣播訊息～並等待**】以及【**當收到訊息～**】進行兩個角色的對話。如果想要加入第三個角色一起對話，你知道應該怎麼做嗎？

頭腦體操來了，一起實驗更多的做法！

附錄

說一個小故事	作者：

做什麼？	小朋友，請你寫下一個小故事，讓故事裡的兩個角色彼此對話。 內容可以是笑話一則、生活趣事或是與朋友或家人隨意的聊天內容。 對話的長度大約 6 ～ 8 句即可。
範例	小蛇：「哥哥，慘了啦！」 大蛇：「發生什麼事呀？」 小蛇：「我們有沒有毒啊？」 大蛇：「你問這個做什麼？」 小蛇：「因為我剛剛不小心咬到自己的舌頭了啊！」 大蛇：「喔喔，那我得趕快去問媽媽！」
設計 2 個角色	角色 A： 角色 B：
我 的 小 故 事	❶ 角色 A
	❶ 角色 B
	❷ 角色 A
	❷ 角色 B
	❸ 角色 A
	❸ 角色 B
	❹ 角色 A
	❹ 角色 B

用程式說故事實在太酷了！

完成故事作品記得分享給好朋友！

程式扭蛋機

運算思維｜Computational Thinking

運算思維是一種解決問題的思考過程。它包括了這幾個方向：（1）拆解問題：將大問題拆解成數個小問題；（2）找出模式：尋找問題中的相似之處或是規律性；（3）抽象化：專注於重要的訊息，忽視無關緊要的細節；（4）演算法：實現解決這個問題的步驟、規則。運算思維不僅對於電腦科學的應用發展非常重要，它也可以支持許多學科領域，包括語文、數學、藝術和科學問題的解決喔！

NOTE

後記 （正華老師的碎碎唸）

To 親愛的你：

　　在這本書中不同的專題活動，你寫了好多好多行、不同類型的程式，哪一個作品是你最喜歡的呢？正華老師鼓勵你，繼續朝著自己喜歡的程式專題，深入地探索與創作，並且欣賞其他朋友的作品。程式的學習很像是閱讀，透過閱讀，你可以到不同的地方旅行、看見多采多姿的世界、進入角色的人生、感受角色的心情。有一天，當你閱讀的領域變得更寬闊了、閱讀的累積更多了，在你小小的知識庫裡，就會產生很大很大的力量，幫助你使用更適切的文字和思考來表達自己，與全世界對話。

　　對我來說，程式很好玩的地方就是沒有標準的答案。為了實現想法或是達成任務，你所寫的每一行程式都是經過思考的軌跡。最近剛讀完東野圭吾的推理小說《真夏方程式》，想要與你分享書中的一段話：「任何問題一定都有答案，但答案不見得能立刻導得出來。換成人生也是一樣。今後你會碰到很多無法立刻提出答案的問題。每一次煩惱都有價值，但沒有必要焦急。想要找出答案，很多時候自己必須成長才找得到。所以人一定要學習，要努力，要不斷磨鍊自己。」還記得上一次被程式的小蟲卡住的時候，是怎麼解決的？下一次遇見更複雜的問題（或是煩惱）的時候，你會想要怎麼做呢？（請不要第一時間就向 Google 求救喔！）試試看，運用學習到的程式邏輯思維，將問題拆解，找出重點，看看問題可不可以歸納出相似性，然後找到最適合的解答。當然，也有可能沒辦法一下子就得到解答，我會鼓勵你勇敢地與朋友、同學，以及家人一起討論，聽聽不同的建議，也許，你會得到更棒的靈感！

此外，當你學會了程式的思考，能夠用邏輯的方式解決生活上遇到的問題，請記得，一定要從「人」的角度來表達你的想法，也就是同理心。我們不是電腦，如果我們所表達的想法只有 1 或是 0（或是布林值的成立或不成立），那麼和機器有什麼不同？當你學習同理心，也同時學會了仁慈，會發現這個世界因為有你，變得更可愛喔！

最後，希望《程式有玩沒玩？我的 Scratch 創意大冒險》這本書，讓你勇敢的面對未來更多嶄新的學習。

祝

重複無限次
（
快樂
）

科普橋梁書系列

生物飯店：
奇奇怪怪的食客與意想不到的食譜

史軍／主編

臨淵／著

你聽過「生物飯店」嗎？
聽說老闆娘可是管理著地球上所有生物的吃飯問題，
任何稀奇古怪的料理都難不倒她！

動物的特異功能

史軍／主編

臨淵、楊嬰、陳婷／著

在動物界中，隱藏著許多身懷絕技的「超級達人」！
你知道牠們最得意的本領是什麼嗎？

當成語遇到科學

史軍／主編

臨淵、楊嬰／著

囊螢映雪，古人可以用來照明的螢火蟲，是腐
爛後的草變成的嗎？
快來跟科學家們一起從成語中發現好玩的科學
知識！

花花草草和大樹，我有問題想問你

史軍／主編

史軍／著

最早的花朵是怎麼出現的？種樹能與保護自然環境畫上等
號嗎？多采多姿的植物世界，藏著許多不可思議的祕密！

國家圖書館出版品預行編目資料

程式有玩沒玩？我的Scratch創意大冒險／黃正華著.
－－初版一刷.－－臺北市：三民，2020
面；　公分.－－（科學童萌）

ISBN 978-957-14-6829-7　（平裝）
1. 電腦動畫設計 2. 電腦程式語言

312.8　　　　　　　　　　　　　　109007234

程式有玩沒玩？我的 Scratch 創意大冒險

作　　　者	黃正華
責任編輯	顏欣愉
美術編輯	杜庭宜
插畫設計	王立涵
發 行 人	劉振強
出 版 者	三民書局股份有限公司
地　　　址	臺北市復興北路 386 號 (復北門市)
	臺北市重慶南路一段 61 號 (重南門市)
電　　　話	(02)25006600
網　　　址	三民網路書店 https://www.sanmin.com.tw
出版日期	初版一刷 2020 年 7 月
書籍編號	S300300
Ｉ Ｓ Ｂ Ｎ	978-957-14-6829-7

三民書局